国家地理
动物百科全书

ANIMAL
ENCYCLOPEDIA

哺乳动物

灵长动物·翼手类

西班牙 Sol90 出版公司◎著
李彤欣◎译

U0157032

山西出版传媒集团 山西人民出版社

目录
CATALOGUE
ANIMAL ENCYCLOPEDIA

向妈妈学习

猿猴有着漫长的哺乳期。雌猿猴除了会保护并哺育刚刚出生的猿猴宝宝，还会教导它们学会主要的生存法则。在这里，小猿猴正在妈妈的帮助之下学习如何咀嚼固体食物。

集体法则

在社会集体中生存的生命个体懂得如何更好地抵抗恶劣的环境。在严寒气候下生活的日本猕猴，它们常一个挨着一个来集体取暖，还有一些学着把自己浸泡在温热的水中以抵御寒冷

说着别样的语言

灵长动物常通过手势、肢体动作、言语表达来互相交流。雨中，一只黑猩猩在刚果国家森林公园里独唱着。

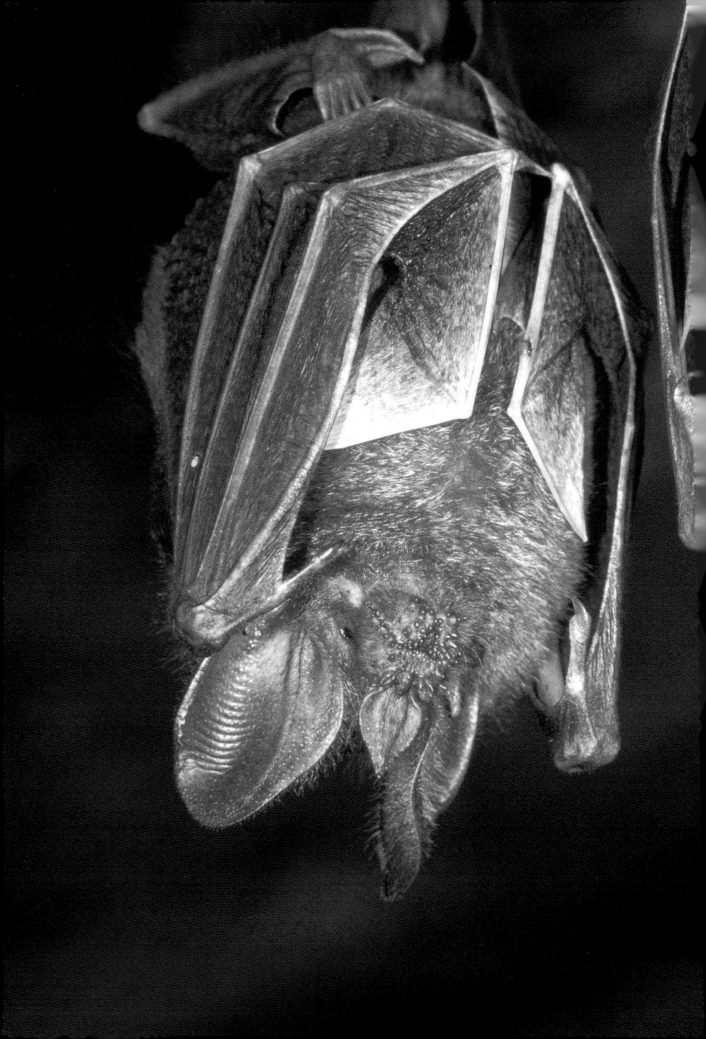

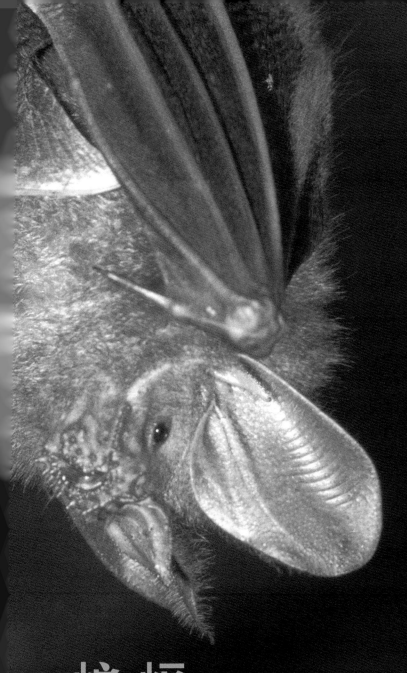

蝙蝠

　　蝙蝠的肢体进化为翅膀，作为唯一一种会飞的哺乳动物散布在全球的各个角落。尽管它们的名声不太好，但是所有蝙蝠都具备的主要生命功能，如对昆虫的控制、传授花粉以及散播种子等，都是利于生态系统的发展的。

什么是蝙蝠

蝙蝠是唯一一种会飞的哺乳动物，种类上千，分布在全球各个角落。主要分为两大亚目，来自旧世界的食果性大翼手亚目以及来自美洲的食虫性的小翼手亚目。爱夜行与群居的蝙蝠组成了许多个栖息群体，白天通常躲避在洞穴、树干或废弃的大楼里。尽管它们在全球都有分布，但同时也面临着许多威胁。

门：脊索动物门
纲：哺乳纲
目：翼手目
科：18
种：1100

小翼手亚目
大部分吃昆虫，有些吃鱼与老鼠，一小部分吸血。

唯一会飞行的哺乳动物

蝙蝠 "*murciélago*" 这个词汇来自拉丁文，翻译作盲鼠。这一词汇很可能在中世纪就已存在，它起源于两个错误的认知：这一会飞的哺乳动物居然与啮齿类还有失明这两点相关联。19世纪初，再次提及这一动物便有了新的词汇："*quirópteros*" 翼手目，来源于希腊语，可以译作长翅膀的双手。

上千种蝙蝠占了哺乳动物现有种类的近1/4，在数目上，仅次于啮齿类动物。尽管种类繁多，但是大部分蝙蝠都长相相似，与其他哺乳类动物区别开来的唯一特征就是它们独特的飞行能力。蝙蝠的翅膀有一层飞行薄膜，使其可在空中扑翼飞行很长的距离。

蝙蝠有大有小，小至2克，如泰国猪鼻蝙蝠；大至1.5千克，如巨型狐狸蝙蝠。即便所有的蝙蝠都有看东西的能力，但是它们中的大部分眼睛都非常小，要靠声波定位来飞行。蝙蝠发出超声波并利用折回的声音来定向，这种空间定向方法称为回声定位。

起源与进化

关于蝙蝠进化的研究引起了多方争议。在很长的时间内，人们总把它们跟啮齿类动物进行比较，并把它们与灵长类动物相关联。当下，蝙蝠终于有了自己的目，称为翼手目。据

蝙蝠面临的威胁

尽管蝙蝠种类繁多，天敌很少，但近年来蝙蝠的数目却不断锐减。栖息地变少、农药中毒以及在某些国家的狩猎行为是其面临的主要威胁。此外，蝙蝠通常一次只产1胎，低下的繁殖率更是其一大弱点。

无危 84.59%
极危 2.33%
濒危 4.66%
易危 8.42%
所有种类

古计，蝙蝠的远亲是喜夜行的树栖小型哺乳动物，类似于食虫性的鼩鼠。

目前，在美国绿河找到了最古老的始新世蝙蝠化石，距今有 5200 万年之久。但是，人们认为蝙蝠这一哺乳动物的历史可追溯到 7000 万年前。这一化石记录显示了一个令人惊奇的信息：当下的蝙蝠与它们的祖先并无很大差异。

翼手目总共分为两大亚目：来自旧世界的食果性大翼手亚目，还有新世界的小翼手亚目（在欧洲、亚洲、非洲与大洋洲均有这一亚目的存在）。大翼手亚目下只有一个科：狐蝠科，它们的面部跟狐狸相似且没有回声定位能力；至于小翼手亚目大部分都是食虫性的并且靠回声定位来搜捕食物。尽管小翼手亚目如此命名，但是有些小翼手亚目在体形上还是比一些大翼手亚目要大些。

遍布全球

蝙蝠的飞行速度可达 50 千米／时，这使得它们可轻易飞越长距离并在大范围内搜索食物资源。尽管蝙蝠几乎遍布全球，但它们在热带地区更为多见，在极地还有一些岛屿上分布较少，因为严寒使得它们获取食物异常困难。

在不同栖息地，蝙蝠的形态也会有所不同。在树木繁多的地区，蝙蝠的翅膀会比较长、比较宽，更具有伸展性，相反那些翅膀较为窄小的物种飞行速度会更快。

在太阳落山之后，蝙蝠才开始它们的活动，需要四处寻找食物以度过漫漫长夜。白天的时候，它们保持着休息的姿态，只有察觉到危险或者天敌的到来才会中断睡眠。它们通常会通过尖叫或者其他恐吓性行为来躲避威胁。那么，蝙蝠究竟是如何休息的呢？来自旧世界的食果性蝙蝠会用翅膀把身子包裹起来，并保持头部与胸部直立，而美洲蝙蝠会把翅膀收缩在身体两旁并头部朝下。它们一般在洞穴、树干、废弃的大楼里休憩，这些地方一般能给它们提供安全的庇护，能够抵御敌人与防御外部的严寒或酷暑。

许多蝙蝠都能够调节自身体温，尤其在休憩的时候，为了减少体能消耗，它们的体温通常会降低。一些温带地区的蝙蝠无法抵挡冬季的食物匮乏，会选择冬眠，而有一些则会迁徙到比较温暖的地区。

社会结构

成千上万的蝙蝠会在群居的聚居地生活。尽管蝙蝠有着突出的群居性与社交性，但在它们的组织结构内大部分不存在等级制度或头目。雌雄蝙蝠与幼崽会共享栖息地，更有甚者，不同品种的蝙蝠也能够融洽地生活在一起。尽管蝙蝠喜欢聚集成群的原因还未查明，但是可以确定的是，群居的蝙蝠冬眠后的体重会比那些独居的要重些。

蝙蝠通常在夏天交配。繁殖期常与觅食期相吻合：素食类蝙蝠常在植物开花结果的时期交配，至于肉食性蝙蝠则在昆虫繁盛的时期交配。

雌蝙蝠会把它们的幼崽抱在胸前或者背在背后，根据种类的不同，给幼崽哺乳几个星期甚至几个月。当幼崽长大成形并获得飞行能力以及捕食能力之后，会离开它们的母亲开始独立生活。有些蝙蝠品种的长大成形期需要 3 个星期。

大翼手亚目
绰号"会飞的狐狸"，与其他小翼手亚目不同，有着大大的眼睛及异常锐利的夜间视力。

蝙蝠的迁徙

大部分冬眠蝙蝠都面临着不利的的环境条件，但有些种类的蝙蝠会迁徙到比较温暖的地方。它们大部分为蝙蝠科，这是翼手目中分布最为广泛的一科。在树枝上栖息或定居的蝙蝠比那些住在洞穴的蝙蝠更喜好迁徙，因为在洞穴里环境气温的稳定性会比较高。

迁徙地域
20 种蝙蝠科的蝙蝠都有喜好迁徙的习惯，大多数蝙蝠会迁徙近 1000 千米，其他的蝙蝠迁徙地域会相对小一些，更有甚者迁徙距离少于 100 千米。

饮食

蝙蝠的饮食多种多样，但是它们大部分都吃昆虫。当然也有过食果实与花蜜的蝙蝠，它们可以作为自然界传花授粉的使者。嗜血蝙蝠毕竟是少数，在千万个品种中大概只有3种蝙蝠吸血。

在自然界中的重要性

食花粉的蝙蝠会在各个花朵之间传送花粉以完成植物的繁殖，而食果性蝙蝠会把摄食的果实种子排出，使其散布到距离母本植物很远的地方。因此，蝙蝠的数目锐减使得亚马孙的许多野生植物的繁殖都面临着威胁。

"素食主义者"

进食果实、花蜜与花粉，深居在热带丛林的高处，在树木枝头上更容易找到大片盛开的花朵。

授粉过程

1 进食花粉：聚拢的花瓣使得蝙蝠不得不把头深入到花朵内部才能够完成觅食，因此，它们的皮毛都沾满了花粉。

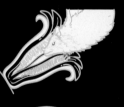

2 飞向远处：飞向远方以寻找更多资源，蝙蝠自身带着花粉飞向其他野生植物群。

3 再次觅食与授粉：当蝙蝠把头深入其他花朵里，毛发上带有的花粉散落在这一花朵里，完成传授花粉，以便植物繁殖。

500
在美洲大陆通过蝙蝠传授花粉完成繁殖的植物种类。

食虫性蝙蝠
蝙蝠是夜间最佳的昆虫捕手。70%的蝙蝠通过回声定位来捕食无脊椎动物。

悬空的双腿
蝙蝠为了能够在天敌接近时迅速地逃离，它们的双腿是不会停留在花上的。

大量猎食
每隔6~9秒就能捕抓到一只蚊子，在1小时之内能进食500只昆虫，通常一个晚上下来蝙蝠的体重能增加25％。

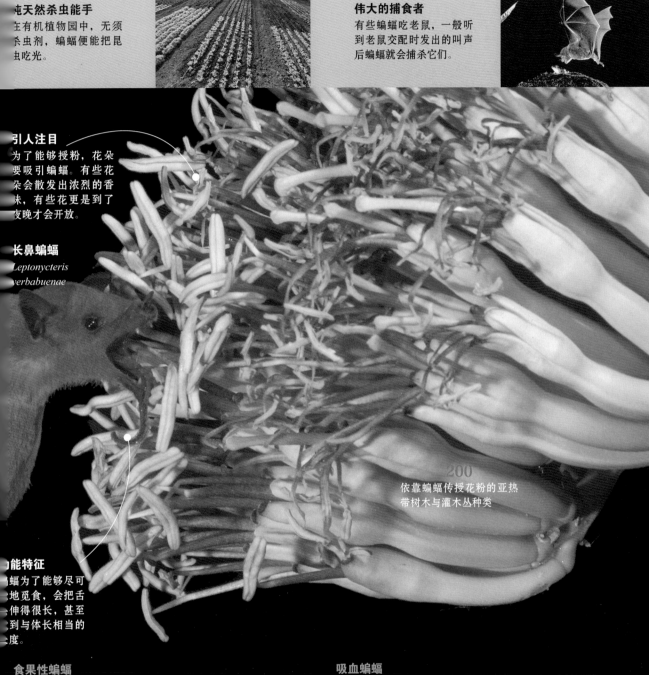

纯天然杀虫能手

在有机植物园中，无须杀虫剂，蝙蝠便能把昆虫吃光。

伟大的捕食者

有些蝙蝠吃老鼠，一般听到老鼠交配时发出的叫声后蝙蝠就会捕杀它们。

引人注目

为了能够授粉，花朵要吸引蝙蝠。有些花朵会散发出浓烈的香味，有些花更是到了夜晚才会开放。

长鼻蝙蝠

Leptonycteris yerbabuenae

功能特征

蝙蝠为了能够尽可能地觅食，会把舌头伸得很长，甚至达到与体长相当的长度。

200

依靠蝙蝠传授花粉的亚热带树木与灌木丛种类

食果性蝙蝠

香蕉、无花果、杜果与桃子是食果性蝙蝠的主要食物。这一类型的蝙蝠具有大大的眼睛，更有甚者具有日间视力。

果实外露

如同花朵般，果实也必须适应环境使得其种子更容易被蝙蝠获得。许多果实呈开裂状，果皮敞开着好让种子外露。

吸血蝙蝠

尽管围绕着蝙蝠有许多惊恐的故事与谣言，但是实际上只有3种蝙蝠是吸血的：吸血蝠、白翼蝠与有毛腿吸血蝠。

哺乳动物的血液

吸血蝠是唯一一种只吸食哺乳动物血液的蝙蝠，而其他两类蝙蝠则吸食鸟类的血液。这类吸血蝙蝠尽管不吸人血，但家畜或野生动物皆是它们吸食的对象。

解剖结构

蝙蝠大小各异，千差万别。最小的蝙蝠的翅膀只有 16 厘米，而最大的蝙蝠的翅膀可达 2 米。然而，蝙蝠的长相形态却是类似的：身体被软而短的皮毛覆盖着，颜色呈黑灰或棕色。前肢进化为翅膀，后肢具有抓握的能力。听觉与触觉是它们最发达的感官。分布在各个地区的蝙蝠饮食习惯不同，它们的牙齿长得也不同。

带翼的前肢

蝙蝠的前肢进化为翼以便飞行。翼膜实际上由两层皮肤组成，从其颈部自上而下蔓延开来，身体的两侧、前肢、后肢乃至尾巴均有这两层皮肤。这层翼膜的延展性非常好，当蝙蝠展开前肢时，翼膜会自然打开，而收拢前肢时翼膜会收缩。倘若蝙蝠的翅膀被戳个小洞，随着时间的推移这个小洞会自动收缩，但是，如果是大面积受损，它并不会自动愈合并结痂。食虫性蝙蝠尾部的翼膜有更好的延展性。有些蝙蝠是没有尾巴的，如狐蝠；而有些蝙蝠的尾巴又长又细，如那些常见的蝙蝠。

肌肉与骨头结构

蝙蝠的翅膀具有许多血管与神经，此外，还有 5 块专门为飞行而备的肌肉。当蝙蝠扑翼飞翔的时候还会带动胸与腰部的肌肉，脊柱是交合的，肋骨是扁平的，而锁骨是强而有力的，大多数蝙蝠在向下滑行的时候会用到突出的胸骨。这些骨头特征为蝙蝠带来了必要的支撑，使它们得以完成展翼飞翔。蝙蝠的膝盖还有下肢的生长方向与其他哺乳动物有所不同。此外，蝙蝠的臀部可旋转至 90 度。

面部特征

蝙蝠的鼻子短而扁平，有大大的鼻孔，由单层或多层褶皱组成，根据不同的品种，褶皱层数也不一样。几乎所有种类的蝙蝠头都很小，有些种类的耳朵会异常大。牙齿根据不同的饮食习惯也会长得不一样。肉食性或杂食性蝙蝠拥有发达的门牙或犬齿，相反素食性蝙蝠的牙齿会相对小一些并且不那么锋利。而吸血蝙蝠的牙齿进化成便于吸血的形状，它们通常用尖尖的牙齿深深插入其他动物的皮肉中，并分泌一种唾液防止其血液凝结。

后肢

蝙蝠的后肢相对身体其他部位会显得粗短些，但是异常强壮。这使得蝙蝠在休息的时候可以牢固地保持体位：头部朝下，双爪松开以便自我清洁。有些喜爱捕鱼的蝙蝠会长出长长的下肢，以便在鱼儿刚浮出水面时就可以牢牢地抓住它们。

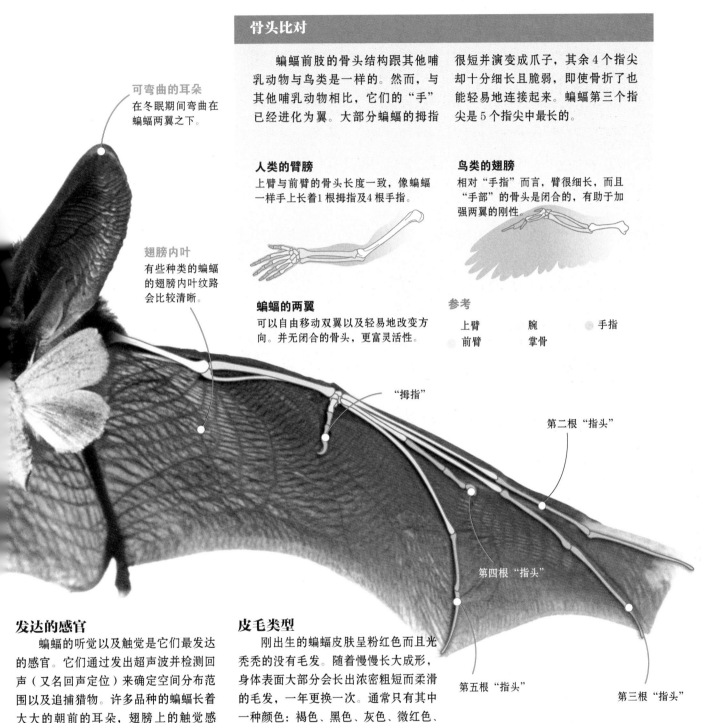

骨头比对

蝙蝠前肢的骨头结构跟其他哺乳动物与鸟类是一样的。然而，与其他哺乳动物相比，它们的"手"已经进化为翼。大部分蝙蝠的拇指很短并演变成爪子，其余4个指尖却十分细长且脆弱，即使骨折了也能轻易地连接起来。蝙蝠第三个指尖是5个指尖中最长的。

可弯曲的耳朵
在冬眠期间弯曲在蝙蝠两翼之下。

翅膀内叶
有些种类的蝙蝠的翅膀内叶纹路会比较清晰。

人类的臂膀
上臂与前臂的骨头长度一致，像蝙蝠一样手上长着1根拇指及4根手指。

鸟类的翅膀
相对"手指"而言，臂很细长，而且"手部"的骨头是闭合的，有助于加强两翼的刚性。

蝙蝠的两翼
可以自由移动双翼以及轻易地改变方向。并无闭合的骨头，更富灵活性。

参考

上臂　腕　　●手指
前臂　掌骨

"拇指"

第二根"指头"

第四根"指头"

第五根"指头"

第三根"指头"

发达的感官

蝙蝠的听觉以及触觉是它们最发达的感官。它们通过发出超声波并检测回声（又名回声定位）来确定空间分布范围以及追捕猎物。许多品种的蝙蝠长着大大的朝前的耳朵，翅膀上的触觉感受器也有助于飞行以及抓捕昆虫。食虫性蝙蝠通常通过回声定位系统来抓捕昆虫，因此，它们视力不发达也没有关系。相反，素食性蝙蝠需要用到夜间视力，鼻尖上的褶皱有着敏感的触觉及嗅觉以便寻找成熟的果实与花朵，有些花、果会发出强烈的气味来吸引蝙蝠。

皮毛类型

刚出生的蝙蝠皮肤呈粉红色而且光秃秃的没有毛发。随着慢慢长大成形，身体表面大部分会长出浓密粗短而柔滑的毛发，一年更换一次。通常只有其中一种颜色：褐色、黑色、灰色、微红色、偏橙色或淡黄色。

有些种类的蝙蝠通体呈白色（如洪都拉斯的白蝙蝠），有些种类的蝙蝠在脸部与腰部呈现出白条纹（如南美洲与中美洲的白纹蝙蝠）。当然也存在着其他种类的蝙蝠，比如亚洲彩色蝙蝠，通体橙色，无毛，四肢之间的翼膜有黑色底纹。

灰色大耳蝙蝠
是捕杀小型夜蛾、苍蝇与飞行中的甲虫的专家。

回声定位

蝙蝠拥有回声定位系统，通过发出超声波以及检测回声来躲避黑暗中的障碍物以及捕获猎物。尽管蝙蝠并不是唯一拥有回声定位能力的动物，但是它们确实是最高效地利用这一能力的哺乳动物，尤其是在食虫性蝙蝠身上，这一能力更为显著。

第六感

蝙蝠靠回声定位来抓捕猎物，回声定位系统就如同一个雷达在蝙蝠周围发出超声波，蝙蝠通过收到的回声得知猎物的位置。这个系统并不像我们所想的那么简单，有时候蝙蝠也会撞到探测不明的障碍物。

发出超声波
由喉咙发出的超声波通过鼻子与嘴巴传出，有的蝙蝠甚至由鼻叶来传导声波。

硕大的耳朵
硕大的外耳的作用是捕捉回声，而内耳用来净化声音。

微弱的视力
尽管蝙蝠眼睛很发达，但是缺乏锐利的视觉。

夜间使者

回声定位系统不仅使得蝙蝠可以在夜间通行无阻，也可以让它们轻易地捕获猎物，尽管它们的视觉并不发达。小棕蝠可以发出 40~80 千赫的超声波并在 3~10 毫米直径范围内抓捕到昆虫。

尖锐的牙齿
可以快速地吞咽猎物，每秒可啃咬猎物7 次。

尾膜
降落时尾膜可用来包裹猎物。

各种波段
蝙蝠可勘测到的超声波的回声，根据猎物的尺寸、质地以及飞行模式而有所不同，这可以帮助蝙蝠在捕食之前就可知道是什么类型的猎物。

200 米
蝙蝠通过回声定位可检测到的最大距离。

小棕蝠
Myotis lucifugus

昆虫雷达

蝙蝠发出的声音振动持续时间在 2~5 毫秒之间。越是靠近它们的猎物，回声折回的时间就越短，且音量越大，定位更加精确。

① 蝙蝠通过发出高频率的声波来探寻周围的昆虫。

② 声波到达昆虫身上会发生反弹并被蝙蝠所接收，而且可根据声波类型来判断昆虫的种类。

威胁

风力发电机使得其周围的气压变低，这对有些蝙蝠是致命的威胁之一。

进化

最古老的蝙蝠化石距今有5500万年，且表明蝙蝠在会回声定位之前就已经学会了飞行。

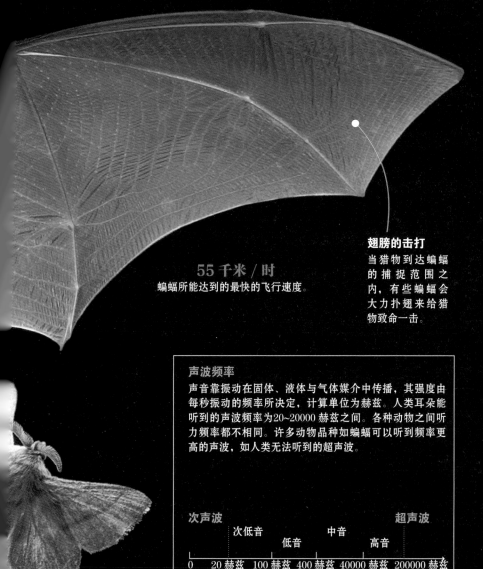

其他会回声定位的动物

除了蝙蝠之外，鲸鱼也具有回声定位能力。海豚会通过发出短暂的低频声波来判断海底的地形情况。

翅膀的击打

当猎物到达蝙蝠的捕捉范围之内，有些蝙蝠会大力扑翅来给猎物致命一击。

55 千米 / 时

蝙蝠所能达到的最快的飞行速度。

独有的器官

在海豚突出的前额上有一个独特的器官，被称为"额隆"，那里有一种油性物质，可以向猎物发出超声波并接收回声。

声波频率

声音靠振动在固体、液体与气体媒介中传播，其强度由每秒振动的频率所决定，计算单位为赫兹。人类耳朵能听到的声波频率为20~20000赫兹之间。各种动物之间听力频率都不相同。许多动物品种如蝙蝠可以听到频率更高的声波，如人类无法听到的超声波。

次声波					超声波
	次低音		中音		
		低音		高音	
0	20 赫兹　100 赫兹	400 赫兹	40000 赫兹	200000 赫兹	

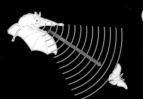

③ 一旦获得昆虫的定位信息，蝙蝠会朝它发出更加精确的超声波。

④ 通过再次获得的声波，蝙蝠就可得知昆虫的分布范围并捕获它。

低频音波

来自马达加斯加的马岛猬可以通过舌头发出低频音波，以便定位地上四处游走的虫子。同时，发出超声波也是它们与同伴相互沟通的方式。

狐蝠

门	脊索动物门
纲	哺乳纲
目	翼手目
亚目	大翼手亚目
科	1
种	173

狐蝠，又名"会飞的狐狸"，因其体形以及鼻子跟狐狸十分相像而得此称号。此外，因为它们只吃素食，包括果实与花蜜，又名果蝠。它们只生活在亚洲、非洲与大洋洲的热带地区，因此又被命名为来自旧世界的蝙蝠。除了棕果蝠这类狐蝠会回声定位之外，其他狐蝠都没有这一能力。

Pteropus rodricensis
罗德里格斯狐蝠

体长：20 厘米
尾长：无
体重：350 克
社会单位：群居
保护状况：极危
分布范围：印度洋的罗德里格斯岛

罗德里格斯狐蝠通常出现在毛里求斯岛以及龙德岛。由于森林砍伐与狩猎行为的增加，导致其数目从 1974 只锐减至少于 100 只，尽管后期的人为保护使得其存活数目有所增加，但是它们的生命仍时刻遭受威胁。外部环境的恶劣，尤其是旋风与水资源缺乏，给易受干扰的罗德里格斯狐蝠带来严重的生存危机。在森林的残木上乃至高空的 200 米处都可以寻找到罗德里格斯狐蝠的身影。酸角是它们的主要食物资源，当然它们也进食其他果实。罗德里格斯狐蝠通常群居，以雄狐蝠为首。妊娠期为 120~180 天不等，其幼崽刚出生时重约 45 克，一年之后可独立生活，再隔一年达到性成熟状态。

保护状况

由于这一类型的狐蝠是濒危动物，人们想通过圈养繁殖的生态项目来保护它们。目前，在全球的30个动物园都建立起了人工圈养的项目。

群居
由于是濒危动物，是目前群居蝙蝠中数目最少的物种。

Epomops franqueti
富氏饰肩果蝠

体长：15 厘米
尾长：无
体重：160 克
社会单位：群居
保护状况：无危
分布范围：非洲中部与西部

这一种类的蝙蝠分布十分广泛，通常在亚热带或热带地区的雨林、稀树草原或红树林都可以找到它们的身影，在城市里是看不到这种蝙蝠的。它们通常以小群落的方式生活在近水的地方，一年的任何时候都可以交配。倘若食物(无花果、番石榴、香蕉以及其他水果或嫩芽)丰富，它们会筑起两个窝。

Pteropus alecto
中央狐蝠

体长：40 厘米
尾长：无
体重：1 千克
社会单位：群居
保护状况：无危
分布范围：澳大利亚西部与北部（苏拉威西岛与努沙登加拉群岛）、巴布亚新几内亚

中央狐蝠是世界上最大的蝙蝠之一，翼展将近 1 米，主要栖息在一些沿海地区、沼泽林、红树林与芦苇丛中。以花蜜、花粉、苹果与杧果等为食。雌中央狐蝠一年只产 1 只幼崽，在幼崽出生的第 1 个月里，通常把它带在腰间以便照顾。

Pteropus vampyrus
马来大狐蝠

体长：40 厘米
尾长：无
体重：1.5 千克
社会单位：群居
保护状况：近危
分布范围：东南亚

菲律宾狐蝠与马来大狐蝠是世界上体形最大的蝙蝠。它们的翼展可达 1.7 米。像其他狐蝠一样，马来大狐蝠也是群居动物。同一栖息地上的马来大狐蝠的数目可达上百只。喜居原始森林，在一些耕地上也可以找到它们的身影，但是在一些严重

受到干扰的地方却毫无它们的踪迹。它们只吃水果，原始林木上的野生水果更是它们的最爱。如同其他狐蝠一般，马来大狐蝠同样是传授花粉与散播种子的自然使者。当夏天大部分花都盛开并有丰富的花蜜时，马来大狐蝠便会开始交配，因为这有利于雌狐蝠的怀孕与单胎产崽。

由于人类的狩猎行为以及森林砍伐，马来大狐蝠的数目正在减少，这对很多植物的生存繁殖都十分不利。由于马来大狐蝠体形巨大，在乡村地区一般会被当作猎物捕杀。

保护状况
尽管数目锐减，但是目前仍未采取生态保护措施。

毛发
背部上方的毛发短而硬。

耳朵
相对尖且短。

Pteropus giganteus
印度狐蝠

体长：30 厘米
尾长：无
体重：900 克
社会单位：群居
保护状况：无危
分布范围：亚洲南部（印度、尼泊尔、巴基斯坦、孟加拉国、不丹、斯里兰卡），亚洲东南部（缅甸西部、中国青海）

印度狐蝠分布十分广泛，在城市或乡村地区都可看到它们的身影。在城市里，一般聚集在公园或广场的树梢上，而在农村则群居在森林里。在聚集地，印度狐蝠社会等级分明，吃野生的抑或是人类种植的水果与花朵。皮毛呈现微红褐色或黑色，其上半身的毛发纹路更加清晰。翼展可达 1.2 米。有些印度狐蝠甚至可以飞跨 150 千米只为寻找新鲜浆果。雌印度狐蝠一般在 4~6 月之间生产，只产 1 只幼崽，在分娩之后就会远离聚居地，而刚出生的幼崽会在雌狐蝠的怀抱中生活 5 个月。

Nyctimene major
大管鼻果蝠

体长：13.6 厘米
尾长：2.8 厘米
体重：27 克
社会单位：独居、小群居
保护状况：无危
分布范围：巴布亚新几内亚、所罗门群岛

它们的名字来源于其长达 6 毫米的鼻管。即便它们长相怪异，数目繁多，但是有关它们的生理研究却非常少。它们的毛发很轻，通常呈棕灰色，头部苍白，翅膀上有黄色斑点。一般栖居在热带森林里或生态状况良好的人为保护区，同时，在乡村种植园或花园里亦可见到它们的身影，这充分体现出它们具有较好的环境适应能力。

Macroglossus minimus

小长舌果蝠

体长：8.5 厘米
尾长：没发育或缺失
体重：20 克
社会单位：独居、小群居
保护状况：无危
分布范围：东南亚及澳大利亚的北部

小长舌果蝠是大翼手亚目中体形最小的种类。分布广泛，即便在人类出没的地方也有它们的身影。一般栖居在沿海地区，环境适应能力非常强：上至潮湿的热带或亚热带森林，下至沼泽、乡村花园与城市地区。会组成小群落但也可以独居，吃花朵、花粉与花蜜。

Pteropus conspicillatus

眼镜狐蝠

体长：24 厘米
尾长：无
体重：850 克
社会单位：独居、小群居
保护状况：无危
分布范围：摩鹿加群岛、近印度尼西亚的小岛、巴布亚新几内亚以及澳大利亚东北部

眼镜狐蝠的特点在于它们的眼睛周围有一圈亮黑色的圆圈。栖居在沼泽地、红树林与潮湿的森林里，一般占据着树林中高处阳光可以晒到的地方。每隔一年产 1 只幼崽，分娩一般在 10~12 月之间。所有的幼崽都会远离群居地，独自生活在宛若摇篮的林木上。吃水果、无花果花、桃金娘及其他植物。

Epomophorus wahlbergi

韦氏颈囊果蝠

体长：17 厘米
尾长：无
体重：125 克
社会单位：独居、小群居
保护状况：无危
分布范围：非洲东部、中部与南部

韦氏颈囊果蝠栖居在红树林与靠近河岸的树林，甚至有人类足迹的树林里。即便韦氏颈囊果蝠为了能够休憩在树叶茂盛的树林里会聚集起来，但是在茂密的森林里却看不到它们的踪迹。在交配季节，雄性韦氏颈囊果蝠发出像树蛙叫声的声音来吸引雌性。在夏季，为了寻找河岸边树上的水果会迁徙到南部。此外，韦氏颈囊果蝠是猴面包树传授花粉的主要使者。

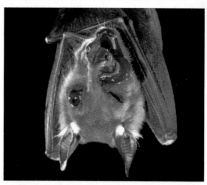

Rousettus aegyptiacus

北非果蝠

体长：16 厘米
尾长：2 厘米
体重：170 克
社会单位：群居
保护状况：无危
分布范围：非洲（撒哈拉沙漠以南乃至南非）、亚洲西南部（伊朗与巴基斯坦）、土耳其、阿拉伯半岛、塞浦路斯

与其他的大翼手亚目物种不同，北非果蝠能发出尖锐的叫声并拥有回声定位的能力。一般群居在洞穴、废墟或废弃的大楼里。利用舌头发出一系列叫声，并根据物体的远近来调节音量。通常生活在潮湿的生物群落或干燥的非洲热带、亚热带地区。进食大量野生的或人为种植的花果及树叶。妊娠期在 115~120 天之间不等，一胎产 1~2 只幼崽。幼崽在最初的 6 个星期里由母亲带着，之后会待在栖息地直到能够独立飞行。

脸
窄窄的脸，尖尖的鼻子，黑黑的眼睛。

颈部毛发
颈部的毛发比较粗，这在雄北非果蝠身上会更加明显。

Ptenochirus jagori
沟齿果蝠

体长：145 厘米
尾长：1.8 厘米
体重：102 克
社会单位：独居、群居
保护状况：无危
分布范围：菲律宾

靠近其肩膀的腺体会分泌出一种麝香味的油状物质，因此也叫麝香蝙蝠，一般雄蝙蝠的麝香味更重。肩膀以及颈部的毛发通常呈现明亮的色彩。沟齿果蝠是菲律宾特有的品种，分布广泛，一般栖息在低矮（海拔不超过 2000 米）的树林里。当然，在人类开垦的土地上、种植园或公园里也有它们的踪迹。一般在洞穴里群居，也会在城市废弃的大楼里寻找庇护所。群居个体一般不超过10 只，而许多选择独居的沟齿果蝠会在树洞里栖息。食果性，喜好无花果与香蕉，有时候会摄食咖啡树、椰子树与木棉树的花果。

妊娠期长达 4 个月，一只雌沟齿果蝠一般只产 1 只幼崽，一年产 1~2 次，哺乳期达 3 个月。

Epomps buettikoferi
加纳饰肩果蝠

体长：14 厘米
尾长：无
体重：135 克
社会单位：独居、小群居
保护状况：无危
分布范围：非洲西部（象牙海岸、加纳、几内亚、几内亚比绍、利比里亚、尼日利亚、塞内加尔、塞拉利昂）

主要栖居在潮湿的热带森林里。由于喜好独居，一般群体大概只有 2~3 只。进食番石榴、香蕉与无花果的果肉和果汁。妊娠期长达 5~6 个月，在雨季与结果期间生产，一年可产 2 胎。

Cynopterus sphinx
犬蝠

体长：12.7 厘米
尾长：1.8 厘米
体重：100 克
社会单位：群居
保护状况：无危
分布范围：亚洲南部与东南部

栖息在热带森林、山脚下（包括喜马拉雅山脉）以及果园里。一般会在红树林或树木繁茂的草场里看到它们的踪迹。群居动物，但是群体不大，由同性别的蝙蝠组成。雄犬蝠会在如同挡雨屋檐的树叶上乘凉。在交配期间，原本各自独居的雌雄蝙蝠群体会混杂起来，一般是 20 只性别不同的蝙蝠组成较大的群体。进食水果，一顿饱餐下来，吃的东西会比它们自身的体重还要重。

Acerodon jubatus
鬃毛利齿狐蝠

体长：31 厘米
尾长：无
体重：1.2 千克
社会单位：群居
保护状况：濒危
分布范围：菲律宾

是世界上最大的蝙蝠之一，体重惊人。拥有 1.5 米的翼展。头部土黄色，其余毛发均为黑色。只生活在菲律宾的热带雨林、海边或海拔高于 1000 米的地方。无法忍受干扰，因此喜栖息在人烟稀少的地方。为了寻找无花果之类的食物，一个晚上可以飞行 40 千米。在菲律宾原始树木之间起着传授花粉与散播种子的作用，由于它们辛勤的劳动，又名"无声的播种者"。雌鬃毛利齿狐蝠一次只产 1 只幼崽，通常与其他种类的蝙蝠栖息在一起。

保护状况

由于人类的狩猎行为与树木砍伐，鬃毛利齿狐蝠数目锐减。在菲律宾群岛上的其他附属小岛已经看不到它们的踪迹了。因此在菲律宾，鬃毛利齿狐蝠是备受保护的，国际买卖被严令禁止。尽管在菲律宾的许多公园或栖息地，鬃毛利齿狐蝠备受政府保护，但还是缺乏可靠有效的保护措施。

小翼手亚目

门：脊索动物门	
纲：哺乳纲	
目：翼手目	
亚目：小翼手亚目	
科：17	
种：804	

　　小翼手亚目是蝙蝠亚目之一。这一亚目的蝙蝠体形小，长着尖尖的臼齿，第二根手指只有一根无爪指骨，耳朵形状很少呈封闭圆环状。这些蝙蝠栖居在洞穴、树洞或者建筑物内部，拥有回声定位的能力。且小翼手亚目的蝙蝠大部分都是食虫性的，只有一小部分是吸血蝙蝠。

Myotis myotis

大鼠耳蝠

体长：8.4 厘米
尾长：6 厘米
体重：45 克
社会单位：群居
保护状况：无危
分布范围：欧洲与亚洲（主要是土耳其）

　　大鼠耳蝠是鼠耳蝠属中体形最大的。毛发短而浓密，底色暗黑，腰部为栗色到灰褐色不等，腹部为白色。幼崽毛发为灰色。宽宽的鼻子长着突出的腺体。喜在森林边缘、开阔的林地或草地翱翔与捕食，吃大型昆虫，像甲虫、蟋蟀与蜘蛛。并不通过回声定位捕捉昆虫，而是习惯在裸露的土地与短草坪上低飞，通过昆虫发出的声音来判断其位置。捕食过程不着陆，只用嘴巴摄食。在繁殖期间，成群结队，一雄多雌完成配对，一般是 3 只雌蝙蝠与 1 只雄蝙蝠交配。3 月底完成交配，妊娠期 70 天左右，4~6 月

之间产崽，幼崽会在蝙蝠群里待上 7~8 个星期不等，待到 8 月中旬便可长大成形，亦可独立飞行。在欧洲的南部，大鼠耳蝠在洞穴里栖息，在冬天会四处寻找地下栖息地；而在欧洲北部，大鼠耳蝠几乎只待在人类建筑的大楼里。大鼠耳蝠属于经常迁徙的物种，其迁徙距离可超过 400 千米。

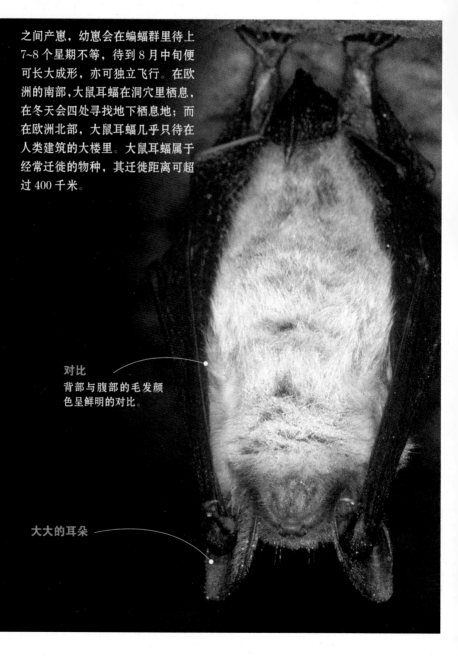

对比
背部与腹部的毛发颜色呈鲜明的对比。

大大的耳朵

牙齿
牙齿变得更加尖利，有利于捕捉昆虫。

Glossophaga soricina
鼩形长舌蝠

体长：6 厘米
尾长：0.9 厘米
体重：12 克
社会单位：群居
保护状况：无危
分布范围：北美洲、中美洲、南美洲
至阿根廷北部

在南美洲的森林里总能找到这一类型蝙蝠的踪迹，而在北美洲则主要分布在乡村及城市地区。这一类型的蝙蝠大小不一，主要吃花蜜，但也吃昆虫与超过 35 种植物的果实。

Ectophylla alba
白蝠

体长：4.7 厘米
尾长：无
体重：6 克
社会单位：群居
保护状况：近危
分布范围：中美洲（洪都拉斯、哥斯达黎加、危地马拉与巴拿马）

群居
白蝠蜷缩倒挂着，
一个挨着一个。

因其与众不同的毛发颜色而出名，通体白色，有着黄色的鼻子与嘴巴。生活在潮湿的热带森林海拔约 700 米处。一般在大大的赫蕉叶下群居，不超过 8 只。在靠近地面不超过 2 米的地方也会发现它们的踪迹。绿色的赫蕉叶把光反射在它们通体白色的毛发上，有利于伪装。吃果肉与种子。雌白蝠一胎只产 1 只幼崽，一旦幼崽成熟，雄白蝠会离开原本的队伍并加入新的队伍中去。森林砍伐间接地影响了它们的生存。

Lavia frons
黄翼蝠

体长：8 厘米
尾长：无
体重：28~36 克
社会单位：独居或成对
保护状况：无危
分布范围：非洲中部

非洲五大伪吸血蝙蝠之一，生活在热带与亚热带潮湿的森林及稀树大草原里。白天活动，通过鼻子发出异常尖锐的声波，利用回声定位捕捉昆虫。实行一夫一妻制，成对生活，雄性黄翼蝠负责在其生活地域巡逻，而雌蝠负责专心养育幼崽，幼崽一般会待在其父母身边 55 天。

Anoura geoffroyi
无尾长鼻蝠

体长：7.3 厘米
尾长：无
体重：18 克
社会单位：群居
保护状况：无危
分布范围：墨西哥乃至南美洲，包括玻利维亚与巴西

栖居在潮湿的热带雨林、落叶林或海拔 1200~2600 米不等的大型植株丛里。进食花蜜、花粉与躲在花丛中的昆虫，在洞穴、石头裂缝或树洞里休憩。在一起群居的无尾长鼻蝙蝠可达 75 只。妊娠期 4 个月。偏爱龙舌兰、桉树、松树与药薯等。

Macroderma gigas
澳大利亚假吸血蝠

体长：14 厘米
尾长：无
体重：170 克
社会单位：独居或群居
保护状况：易危
分布范围：澳大利亚北部

世界上最大的蝙蝠之一。由于长着细长的双翼与灰色苍白的毛发，外形酷似幽灵，又名"鬼魅蝙蝠"。栖居在洞穴、红树林、稀树大草原、热带森林及不毛之地。纯粹的肉食性动物，吃昆虫、青蛙、蜥蜴、蛇和老鼠。捕猎的时候既用到回声定位又需要视力。

Tadarida brasiliensis

巴西犬吻蝠

体长: 7.9~9.8 厘米
尾长: 3.1~4.1 厘米
体重: 7~15 克
社会单位: 群居
保护状况: 无危
分布范围: 北美洲南部、中美洲与南美洲中部

短短的鼻子与褶皱的上唇是它们与其他蝙蝠不同的地方。

它们是整个美洲分布最广泛的蝙蝠物种。毛发呈褐色或灰色,大大的方形的耳朵,尖尖的翅膀。脚趾上长着坚硬的毛,其作用是使自身在飞行中保持稳定。

交配

雌巴西犬吻蝠一年只发情一次,雄巴西犬吻蝠通过叫喊与气味吸引雌巴西犬吻蝠。为了交配,雌雄蝙蝠会远离原本的团队。它们的交配过程也是十分暴力的:雄蝙蝠骑在雌蝙蝠身上,咬着它的颈部以限制雌蝙蝠的行动。

觅食

巴西犬吻蝠在一个小时之内可以摄食 500 只昆虫,而一个晚上可以吃掉 2000 只,因此,它们履行着纯天然杀虫使者的重要使命。此外,它们也进食甲虫、苍蝇、蚊子、蜻蜓、黄蜂、蜜蜂与蚂蚁。

鼠尾蝙蝠
它们的尾巴比其翅膀还要长。

群居的哺乳动物

蝙蝠是哺乳动物中最大的群居群体。在一些栖息地上,甚至可以找到 4000 万只集体生活的蝙蝠。通常集体出动一起捕捉昆虫,成千上万只苍蝇、蚊子、飞蚁都成为它们的囊中之物。

扑翅声
蝙蝠在空中的扑翅声是一种如涓涓细流的声音,可以被飞机场的雷达监测到。

功能性的翅膀
尖且细窄的翅膀,有利于在空中快速飞行。

在空中飞行的蝙蝠群在 3 千米的范围内都可看得到。

雷达
耳朵通过回声定位确定昆虫的行踪。

12 年
是巴西犬吻蝠的大约寿命

夜晚的活动区域

巴西犬吻蝠会迁徙到广阔的地方，为了寻找一个较好的栖息地，可以在3千米的高空飞行跨越400平方千米。每个夜晚都离开它们的洞穴去寻找食物。有些群体会有季节性地迁徙。

活动范围

洞穴 ◯ 65千米

可及的资源

倘若一个地方附近有食物与水源，就会被蝙蝠选作栖息地。

40千米/时

空中飞行的最大速度

强壮的后肢

其强壮的后肢有利于它们灵活地攀爬。

150万

150万只巴西犬吻蝠是世界上最大的城市蝙蝠群，一个晚上可摄食4~113吨昆虫。

洞穴，最主要的栖息地

巴西犬吻蝠可以栖居在树洞或人类的建筑物里，但是其主要的栖息地还是广阔的洞穴。洞穴不仅可以提供很好的庇护，也给它们的日常活动如交配、生殖、照顾幼崽等提供恰当的空间。目前，我们发现的最受蝙蝠欢迎的洞穴是来自美国得克萨斯州的巴肯洞穴，在这里生活着2000万只巴西犬吻蝠。

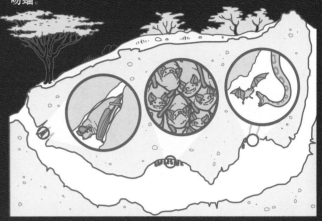

洞穴裂缝

岩洞或岩石上的裂缝可作为一些蝙蝠个体的栖息地。对于一些体形较大的蝙蝠，这种类型的栖息地寻找起来可能更为复杂。

照顾幼崽

洞穴内的小洞可是"育婴良地"：幼崽会在雌蝙蝠的照顾下在此成长。

潜伏的捕食者

巴西犬吻蝠会在洞穴的外围埋伏，一看到蛇就乘机捕杀。

出生与哺育

尽管巴西犬吻蝠能够分辨出哪只是它们的后代，但是当母亲不在的情况下，幼崽也会由其他雌蝙蝠哺育。巴西犬吻蝠的乳汁是所有蝙蝠中脂肪含量最高的，这有利于其幼崽的快速成长。

 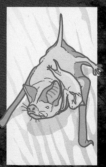 

① 出生

在长达11~12个星期的妊娠期之后，一只蝙蝠幼崽的出生时间仅需要90秒。

② 哺乳期

刚刚出生的蝙蝠幼崽在15分钟之内就会主动地寻找到乳头。

③ 尖叫

蝙蝠幼崽会发出超声波，而雌蝙蝠会通过它的叫声来识别它的身份

墨西哥兔唇蝠

体长：9.8~13 厘米
尾长：1.4~3.7 厘米
体重：60~78 克
社会单位：群居
保护状况：无危
分布范围：墨西哥至阿根廷北部

墨西哥兔唇蝠是一种体形较大的蝙蝠物种。翼展长达 1 米，翅膀窄而有力。通过嘴巴发出声波，扑向水面捕鱼。一旦探测到猎物的存在，墨西哥兔唇蝠会猛烈地扑向它们，用力摆动着自己的爪子与细长的指尖并奋力一抓。此外，它们也捕捉无脊椎动物，像飞蛾、蟋蟀、蜜蜂、飞蚁、甲壳类动物等。墨西哥兔唇蝠分布广泛，它们会栖息在洞穴或树上，甚至几百只一起群居。雄墨西哥兔唇蝠体形会比雌性大一些。性别不同，毛发颜色也不同。毛发短，颈部与肩部毛发会长一些。翅翼呈半透明的褐色。栖息在海拔低且潮湿，靠近湖、河或小溪的地方。雌蝙蝠一年只产 1 只幼崽，一般在 9 月至次年 1 月之间。交配、妊娠与哺乳期根据地域、雨季、潮湿度与食物供给状况而有所不同。幼崽在 1 个月后便可独立生活。

最长的指尖
第三个指尖的长度占了 65% 的翅翼。

鼓起的嘴巴
嘴巴呈唇裂状，拉丁语又名兔唇。

大大的脚爪
脚爪大小是其他类型蝙蝠的 4 倍。

缨唇蝠

体长：7.6~9 厘米
尾长：1.2~2.1 厘米
体重：25~35 克
社会单位：无危
分布范围：中美洲与南美洲北部

缨唇蝠栖息在低于 1400 米的热带林地，一般在洞穴、树洞、大楼与下水道可以找到其群体，一般不超过 6 只。生活在森林里以便捕捉昆虫、蜥蜴、鸟类、青蛙甚至其他种类的蝙蝠。通过猎物的声音而非回声定位来判断位置。

筑帐蝠

体长：6~7.4 厘米
尾长：无
体重：13~21 克
社会单位：群居
保护状况：无危
分布范围：中美洲与南美洲北部

筑帐蝠在棕榈树林与香蕉树林里集群而居，一般是不超过 20 只的小群体。它们会修剪树叶的形状以便"扎营"，因此取名筑帐蝠。它们是食果性蝙蝠，但也吃昆虫、花朵与花蜜。此外，它们还是丛林里传播种子的"高手"。一般一胎只产 1 只幼崽。在哺育期间，雄性筑帐蝠会聚集在一起，组成有 40 多只个体的蝙蝠群，而雄性筑帐蝠群会在没有雌蝙蝠陪伴的情况下独自生活。

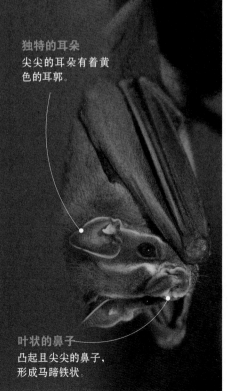

独特的耳朵
尖尖的耳朵有着黄色的耳郭。

叶状的鼻子
凸起且尖尖的鼻子，形成马蹄铁状。

Desmodus rotundus

吸血蝠

体长：7~9.5 厘米
尾长：无
体重：50 克
社会单位：群居
保护状况：无危
分布范围：墨西哥、中美洲与南美洲

吸血蝠生活在气候炎热潮湿的地方。一般组成 20~100 只的蝙蝠群，但依照记录也有约 2000 只的吸血蝠群。它们生活在较深的洞穴、树洞或人类建筑物里。靠吸血为生，它们住的地方因其饮食习惯散发着氨臭味。为了寻找食物，它们可飞离栖息地 20 多千米。据估计，100~150 只的蝙蝠群能占地 1300 万平方米，且具备约 1200 只动物血源供应。毛发短而亮且浓密，呈褐栗色。它们的名声因为源自欧洲的传说而被夸大。事实上，即便吸血蝠吸血，但是和吸人类的血相比，它们更喜欢吸野生动物或家畜的血。虽有可能感染且传染狂犬病，但并不常见。

面部特征
有着尖长的耳朵（1.5~2 厘米长）与扁扁的鼻子。

锋利的牙齿
吸血蝠具有很大的切牙，以便切开动物的皮肤吮吸它们的血液。

沿地面行走
为靠近它们的猎物，可依靠前臂的力量沿地面行走。

Vampyrum spectrum

美洲假吸血蝠

体长：13.5~15 厘米
尾长：无
体重：150~200 克
社会单位：可变，独居或群居
保护状况：近危
分布范围：墨西哥乃至南美洲北部、特立尼达岛

美洲假吸血蝠不仅是美洲最大的蝙蝠，更是全世界肉食性蝙蝠中最大的。翼展可长至 1 米。吃老鼠、鸟类、两栖动物甚至其他种类的蝙蝠，但也吃水果。视觉、回声定位、嗅觉与触觉都是它们感知外部环境所用到的感官。毛发短，呈深褐色、栗色或偏橙色，肚子上的毛发呈苍灰色或黄色。既可独居，也可 5 只（最多）一起群居。雌雄美洲假吸血蝠都会承担起照顾幼蝙蝠的重任，雌性一般在雨季开始的时候产崽。

Pipistrellus pipistrellus

伏翼

体长：3.5~4.5 厘米
尾巴：3~3.5 厘米
体重：3~8 克
社会单位：群居
保护状况：无危
分布范围：欧洲、非洲北部、亚洲中部与西部、中国与印度部分地区

伏翼是城市与森林的"常住客"，在废弃的房子、建筑缝隙、公园或花园都可以寻找到它们的踪迹。伏翼群中个体数可达 1000 多只。它们通过发出两种声波，用回声定位来捕杀昆虫。一晚可吃掉上千只蚊子与飞蛾。雄伏翼通过炫目的飞行与麝香味的体味来吸引雌伏翼。雌伏翼一胎产 1~2 只幼崽，哺乳期长达一个半月，而之后幼伏翼便可独立飞行，远离伏翼群。

灵长类动物

它们的祖先早早适应了树上的生活。和其祖先一样,狐猴、猴子与猿猴也偏爱森林这一栖息地。它们呈现出各种极为复杂的社会行为,通过各种方式相互交流。在种类繁多的灵长类动物之中,我们找到了人类的近亲:大猿猴。

什么是灵长类动物

上至魁梧的大猩猩，下至小小的狐猴，都属于灵长类动物。世界上总共有 300 多种灵长类动物。它们有着复杂的社会结构，生活在美洲、非洲与亚洲，智力超群，择木而栖。有些种类的妊娠期长达几个星期，有些甚至长达几个月，它们通常会花上好长一段时间来哺乳与照顾幼崽。当然，人类也属于灵长类动物。

门：	脊索动物门
纲：	哺乳纲
目：	灵长目
科：	15
种：	376

种类多样

眼镜猴、猴子、猿猴种类繁多，其中包括与众不同、体重不超过 100 克的侏儒狨猴，还有超过 200 千克的大猩猩。灵长类动物总共有两大亚目：原猴亚目和猿猴亚目。原猴亚目包括狐猴、指猴，而猿猴亚目包括眼镜猴、猴子与猿猴。来自美洲或新世界的灵长类动物喜择木而栖，有着长长的尾巴，而且比旧世界的灵长类动物体形小些，旧世界的灵长类动物有着易缠绕挂树的尾巴，有些还是半陆栖性的。新旧世界的灵长类动物面部特征也不同：新世界的灵长类动物有着扁平的鼻子，鼻孔朝向两侧，而旧世界的灵长类动物有着突出的鼻子，大大的鼻孔朝向前方。

栖息地与生活习惯

灵长类动物生活在美洲的南部与中部、非洲与亚洲东南部。尽管在非洲北部、中国与日本热带及亚热带以外的地区也有它们的身影，例如日本猕猴，但是它们大部分生活在北纬 25 度至南纬 30 度多雨的热带森林里。

灵长类动物择木而栖，可在树枝之间来回穿梭。现代的灵长类动物仍保留着其祖先的习性特点。有些灵长类动物喜欢在夜里活动，但是大部分仍是习惯在白天活动。南极、北极与澳大利亚没有灵长类动物。

饮食

体形较小的灵长类动物主要吃昆虫，它们的代谢速度非常快，但缺乏适合消化植物的消化系统。至于其他灵长类动物主要摄食树叶与果实。像疣猴，有一个结构复杂的胃：内有发酵纤维素的发酵菌；而其他灵长类动物在肠子或结肠处有着专门起消化作用的微生物。有些猿猴类，像大猩猩，不仅捕捉脊椎动物，也吃植物，而眼镜猴只吃肉类。

社会结构

猩猩与部分狐猴是少数独居的灵长类动物。而其他灵长类动物会组成一个社会结构复杂的大集体，有些群体甚至

类人猿
猩猩、大猩猩与黑猩猩都是人类的近亲。

达到上百只，但其中又细分为好多小团体。大多数猴子与猿猴的社会结构由许多雌猿猴、幼崽与一个或一个以上的雄猿猴组成，其内部有着森严的等级制度，狒狒的生活亦是如此。

在半陆栖的灵长类动物中，像狒狒，群居生活大大提高了它们抵抗天敌（如鬣狗）的能力以及对稀有食物资源的守护能力。倘若食物争夺并不那么激烈，团体数目通常会比较少，叶猴便是如此。

总体而言，灵长类动物的生活是封闭的，一般会在一定的地域上扎根发展，与其他群体相距很远，因此直接互动的机会大大减少了，这有利于防止资源的快速枯竭。但是，正因为如此，它们会态度异常激烈地排斥入侵者。有些灵长类动物，像吼猴和长臂猴，会向邻近地区发出威胁性的叫喊声，企图开疆拓土并获得更多的资源。

性行为

大部分雄性灵长类动物会根据它们的社会阶层找一个或一个以上的雌性灵长类动物做伴侣。当然，也有些灵长类动物遵循一夫一妻制的配对制度，例如长臂猴。在其他情况下，如圣狒狒，一只雄性圣狒狒与一只或多只雌性狒狒配对。

通常雌性灵长类动物主动开始求偶：到了发情期时，会发出求偶攻势，慢慢靠近雄性灵长动物。交配初期在经过基本的肢体接触之后，通常最后是雄性骑在雌性身上。不同的灵长类动物，交配方式也不尽相同：大猩猩与黑猩猩在交配时会侧着腹部，四目相对；而有些猩猩在攀爬着树枝的同时也可进行交配。

妊娠与哺育

灵长类动物种类多样，不同品种之间，妊娠时间长短不一。原猴的妊娠期可达 6~9 个星期，而大猩猩与猩猩的妊娠期长达 38 个星期，与人类妊娠期相近。

除了狨猴一胎产 2 只幼崽之外，大部分雌性灵长类动物一胎只产 1 只幼崽。有些情况下，雌性灵长动物会帮助幼崽娩出并处理好卫生工作。与其他动物相比，它们的哺乳期非常长。在大猿猴之中，像猩猩的哺乳期甚至可长达好几年。雌性灵长类动物不仅照顾幼崽的饮食，同时也需要保护它们，而且为了让幼崽能够在自然环境中生存下来，也需要教会它们大部分的生活技能：觅食技巧和识别天敌的能力。当幼崽成年并生下后代之后，这些生活技能也需要一代代地被传承下去。

来源与进化

灵长类动物起源于普尔加托里猴。在古新世初期，大约 6500 万年前，衍生出两条不同的进化线：一个是原猴类，另外一个是猴子与猿类，其中包括人类。

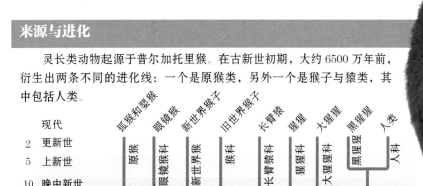

百万年	现代	狐猴和婴猴	眼镜猴	新世界猴子	旧世界猴子	长臂猿	猩猩	大猩猩	黑猩猩	人类
2	更新世	原猴	眼镜猴科	新世界猴科	猴科	长臂猿科	猩猩科	大猩猩科	黑猩猩科	人科
5	上新世									
10	晚中新世									
15	中中新世									
24	早中新世									
34	渐新世									
54	始新世									
65	古新世									

原猴

原猴比猴子起源得更早。尽管狐猴喜欢在日间活动，但大多原猴都是夜行性动物。

移动

灵长类动物大部分的生活都在树上。它们的身体结构使其可以轻易地在树木之间上下穿梭，来回移动，攀爬与跳跃都不在话下。那些花较少时间在树上的灵长类动物，像低地大猩猩，可以灵活地短距离步行。

移动形式

所有的灵长类动物（人类除外）都拥有粗且分离的脚趾。至于双手，它们的拇指是与其他手指分开的；由于手臂与手腕的骨头并不联合在一起，从而展现出更好的灵活性。但是不同品种的灵长类动物，自然也会衍生出不同的移动形式，其中包括行走、攀爬与跳跃。

大大的双手
有着钩子的形状，拇指较短，手掌异常大，易于抓住树枝固定位置。

旋转的手腕
长臂猿手腕的骨头结构是独一无二的，这使得它们可以向四周旋转身体。

强壮的手肘
为了能够四处摇摆，手肘可以完全地伸展。长臂猿肘部的肌肉相比其他的灵长类动物更加强壮

1 摇摆与速度
在其完成移位之前，长臂猿会通过摇摆的惯性来获取速度与能量。

2 推进与旋转
通过最初的摇摆来推进身子，手臂会伸向下一处抓取的节点。

攀登
灵长类动物最常见的身体移动方式是在树枝与树枝之间来回地穿梭，它们四肢并用，有时候它们易于缠绕的尾巴也会派上用场。

树枝之间
灵长类动物上肢灵活，可在树木之间自由地来回穿梭。在众多灵长类动物之中，吼猴是当之无愧的爬树"高手"。

跳跃
有些狐猴可通过跳跃完成在地面的来回移动，期间它们为保持平衡，四肢抬起放松。一只马达加斯加狐猴一次跳跃距离可长达5米。

空中移位
马达加斯加狐猴在树木之间的移位有时也会通过跳跃完成。无论是悬在空中，还是抓住枝条的那一刻，它们的腰部都是保持垂直的。长而有力的腿使它们可以轻易地完成大幅度移位。

森林砍伐
因森林砍伐导致的栖息地锐减是灵长类动物面临的最大的生命威胁。

游泳移动
长鼻猴是笨拙的"游泳运动员"，这归功于它们带蹼的双脚。

满是肌肉的手臂
上臂满是肌肉，而且比下肢长很多。

一只长臂猿通过一次摆动可跳跃的距离。

灵活的肩膀
灵活的肩关节使其可以大范围地旋转摇荡。

3 手臂的交换
只通过一只手臂承受身体的全部重量，同时抬起另外一只手臂朝下一个支点跳去。

4 最后冲刺与休息
当长臂猿靠近一个立足点的时候，双足会推向前方并采取最后冲刺，最后完成移位并休息。

擅于行走
低地大猩猩与黑猩猩可通过下肢行走。它们可通过双足行走很短一段距离，当然也会手足并用完成地面移动。

垂直的体位
黑猩猩与其他猿猴都有着短小的背部、宽阔的胸部和比猴子更有力的盆骨。这些形体特点使得它们能够坐下与直立行走。同时，它们也通过双手完成行走。

擅用双臂前进
　　长臂猿是所有灵长类动物中最常使用双臂完成身体移动的，它们生活在东南亚热带雨林。此外，蜘蛛猴也擅长通过双臂使身体前进。

解剖结构

　　灵长类动物，顾名思义，是所有哺乳类动物中头脑最发达的。它们的颅骨和眼窝都很大，并且拥有敏锐的视觉。根据生活习惯的不同，它们的手脚形状也不同，几乎所有灵长类动物都有着平平的指甲，有些甚至还有爪子，擅于抓取物体与爬树。身体毛发颜色有黑色、灰色与褐色，有些甚至是白色或微红色。

大脑发育

　　相对于其他哺乳动物，灵长类动物大脑与身体比例的差距是最大的。这一特点体现在它们显著发育的大脑半球上，猴子和猿猴的智力以及它们日常行为的灵活性与脑部发育有关。相对于其他动物而言，灵长类动物掌管手部灵活度以及立体视觉的大脑区域都是相对最大的。据说，这一特点是自然选择的产物，让灵长类动物可以在日常生活中展现灵活性，以便在树木之间来回穿梭与抓取食物。

　　作为进化的结果，灵长类动物管理嗅觉的大脑板块是萎缩的，而且大部分灵长类动物的鼻子也相对较小。许多猴子（除了长鼻猴）与猿猴的鼻子都是相对较小的，而狐猴有着长长的鼻子，就像狐狸的鼻子一样。

　　猴子与猿猴的大脑最外层，被称为新大脑皮层，具有十分复杂的结构。这与它们活跃的思考能力相关，有助于它们在日常生活中解决自身问题与争端。

颜色各异的毛发

　　大部分灵长类动物的毛发都是单色的，像黑吼猴通体黑色，猕猴呈褐色，绒毛猴呈浅灰色，红毛猩猩呈红色，甚至还有一种狨猴通体呈白色。灵长类动物的体毛颜色及浓密程度各异：有些种类像卷尾猴有着浓密且粗短的毛发，而狮狨猴有着长长的鬃毛。

骨头结构与姿势

　　灵长类动物的骨骼根据它们的生活环境、生活方式与移动方式而不同。大部分灵长类动物为了适应树上的生活，有着长而有力的手臂，而在爬树的时候，那些长着尾巴的灵长类动物甚至把尾巴当作是"第五个肢体"来使用。

　　猴子与猿猴的肩膀由于长着坚硬的关节与锁骨，因此比其他哺乳动物要灵活很多。这使得它们可以轻易地在树木之间利用双臂攀爬与来回穿梭。

　　除了蜘蛛猿，所有灵长类动物都有5个手指与脚趾，而抓取物体的灵活度是灵长类动物明显的进化特征。

长且善于抓握的尾巴
尾巴可卷曲的唯一属种。

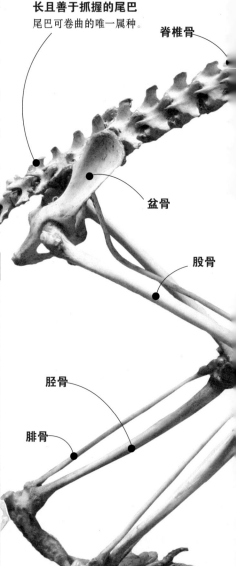

脊椎骨

盆骨

股骨

胫骨

腓骨

直立

　　巨猿在坐着的时候腰部伸得直直的，它们能直立行走很短一段距离。

倭黑猩猩
Pan paniscus

脑壳

灵长类动物的脑壳形状是拱形的，有着大大的眼眶。大部分猴子与猿猴呈现出扁平的面部结构。面部朝前，下颚突出，没有下巴，大大的牙齿平行排成两列：这一面部特征与它们喜好素食的饮食习惯有着莫大的关系。

原猴亚目
眼镜猴的眼眶几乎比它们的脑壳还要大，这一比例在哺乳动物中实属罕见。

类人猿
黑猩猩的颅容量比人类的要小，但是比其他灵长类动物要大。

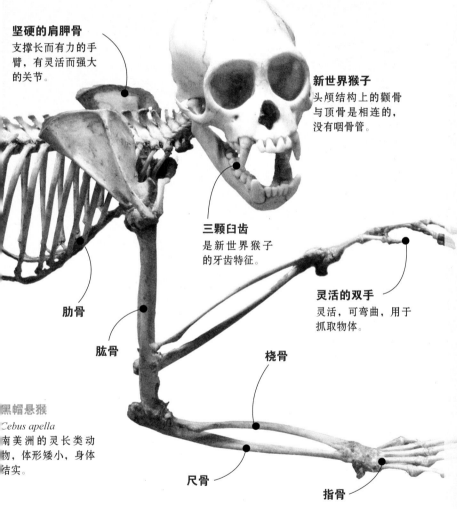

坚硬的肩胛骨
支撑长而有力的手臂，有灵活而强大的关节。

新世界猴子
头颅结构上的颧骨与顶骨是相连的，没有咽骨管。

三颗臼齿
是新世界猴子的牙齿特征。

肋骨

肱骨

灵活的双手
灵活，可弯曲，用于抓取物体。

桡骨

黑帽悬猴
Cebus apella
南美洲的灵长类动物，体形矮小，身体结实。

尺骨

指骨

手脚

灵长类动物有着灵活的手脚。它们有些有扁平的指甲与大拇指，以便其抓取物体。像人类一样，它们也有直立行走的双足。

原猴亚目
长长的手指与脚趾，有爪子。

类人猿
大猩猩的大拇指与其他指分得很开。

灵长类动物的视力好坏不一。猴子与类人猿双目视力范围是重叠的，因此生成一幅三维图像，这跟人类看到的类似。在一些原猴亚目身上，像狐猴，它们的眼睛分得很开，因此三维重叠范围比较小。

日行性灵长类动物会分辨物体颜色，而夜行性灵长类动物只能看到白色、黑色与灰色。据统计，这类单色系视力在许多灵长类动物身上是较为普遍的，但是新旧世界灵长类动物的基因突变之后，它们可以分辨出红色色系。为了解释这一基因突变，有着许多不一样的假说：一方面，有人说是为了能够快捷地寻找食物（成熟的果实）；另一方面，有人说，雄灵长类动物可以通过生理变化来判断雌灵长类动物是否处于发情期。

区分颜色
大部分旧世界与部分新世界灵长类动物拥有三色视觉，而其他的是双色视觉。夜行性灵长类动物只能看到一种颜色。

三色视觉

双色视觉

单色视觉

行为习性

　　灵长类动物的大部分生活习惯都是通过学习而非遗传获得的。因此，不同种群之间甚至不同个体的行为习性具有多样性。有些灵长类动物除了认识到与母亲之间的哺养与被哺养的关系之外，也会清楚地认识到其他更为复杂的亲属关系。此外，为了满足其生活的需求与制作生活工具的需要，它们也会利用自然资源来完成目标。它们内部有着等级严明的制度与复杂的社会结构，无论是为了获取主导权还是互相合作，它们都会通过各种各样的交流方式来进行沟通。

智慧超群的学习能力

　　相比其他动物，灵长类动物具有漫长的妊娠期与哺乳期。与其他哺乳动物相比，它们大脑与身体比例的差距是很大的，而且脑部消耗了很大一部分身体能量。这与它们的智力有关，尤其是在一些类人猿与人类身上这一特点更为突出。在动物界中，自身为适应环境而产生的变化是基因遗传模式和缓慢的生物进化的结果。灵长类动物有着超强的学习能力，因此，群体与群体之间、个体与个体之间的生活习惯与行为都不尽相同。

交流方式

　　灵长类动物复杂的生活使得它们需要精巧的交流方式。灵长类动物可通过体味（尤其是原猴亚目）、视觉信号与肢体接触来交流。互相理顺毛发是灵长类动物之间最常见的行为习惯。雄狒狒之间会通过磨牙来传递恐吓讯息，通常这样就可以解决问题并避免肢体冲突。有些灵长类动物还会发出尖叫声或叫喊声来表达自身情绪。目前的研究显示，它们可通过不同的叫声来指明物体与周围环境，但是无法像人类那样能够描述一个抽象的问题。

工具的使用

　　人类特有的能力在于利用周围环境中的资源制作工具。但研究表明，灵长类动物也具备这一能力。部分黑猩猩会四处寻找树枝并在它们的领地堆放起来做成"陷阱"来抓捕猎物，为了做成一个更加有效的工具，它们甚至会拨光树枝上的树叶。有些卷尾猴会用千足虫来摩擦毛发，因为这种虫子会分泌出苦苦的液体，作用如同天然杀虫剂。有些猴子还会使用石头敲开核桃或挖地洞。

温泉浴场
一群日本猕猴有着用热水洗澡的习惯。一般是雌猕猴先开始洗，接着其他猕猴会模仿它。

肢体语言

表达敌意

狮尾狒狒在面对伙伴时，会把嘴唇皱起来，露出牙龈与牙齿。这可能是其害怕的信号。倘若与此同时还保持着身体直立，则说明它们正在发出警告的讯息。

友好接触

互相理顺毛发是叶猴之间常见的行为习惯。这是它们表示友好的方式，一般是雌性叶猴帮雄性叶猴理毛的情况较多，那些占主导型的雄性叶猴被理毛的次数则更加频繁。

与众不同的叫声

红色吼猴并不占有一个专属的领地，而是与其他猴群共享栖息地。为了避免争端，在黎明时，它们会发出叫喊声来宣示领地主权。

和解的姿势

黑猩猩为了表达和解，会张开双臂，手掌朝上。这一手势也可以用来安抚占主导地位的雄性黑猩猩与寻求安慰。

濒危的灵长类动物

热带雨林的毁灭、野生物种的非法倒卖与人类的狩猎行为是灵长类动物面临的三大主要威胁。尽管目前全球范围内正在采取有效的保护措施，但是根据国际自然保护联盟的数据，1/3 的原猴、猴子与猿猴正濒临灭绝。所有类人猿的生存都受到了威胁。

威胁因素

灵长类动物是生存状态最受威胁的脊椎动物。根据国际自然保护联盟的最新报告，灵长类动物的生存状态是令人担忧的。热带森林火灾所导致的栖息地减少、人类的狩猎行为与野生灵长类动物的非法买卖都是它们面临的主要威胁。

森林资源的锐减不仅给猴子与猿猴带来了直接的影响，同时也造成了长期的危害。森林砍伐是 20% 温室气体释放的"元凶"，这加速了全球暖化，间接对灵长类动物的生存造成了威胁。

全球范围内

在地球生物多样性较大的地区生存的灵长类物种所面临的生命威胁是极大的。25 种最受威胁的灵长类动物中，5 种来自马达加斯加，6 种来自非洲，11 种来自亚洲，而 3 种来自美洲。目前已经灭绝的已经有 2 种灵长类动物：古原狐猴（*Palaeopropithecus ingens*）灭绝于 17 世纪的马达加斯加；牙买加猴（*Xenothrix mcgregori*）灭绝于 18 世纪初。濒危物种红色名录的发布引起了人们的担忧：一种叶猴，因身处吉婆岛，而被命名为吉婆岛叶猴，目前只剩下 70 只。

保护措施

大部分生命遭胁迫的灵长类动物都处于人为保护区内。但是政治斗争与非法的国际买卖使得人为保护工作举步维艰。

倘若保护工作可以取得巨大成功，它们对保护濒危灵长类动物的重要作用也可展现出来。例如，在巴西，连续 30 年发动政府以及动物园更改规章制度，最终使得黑狮狨猴与金狮狨猴被列入濒危动物。目前这 2 种狨猴的生存环境都得到了极好的保护，但是这样好的人为保护区域仍然不够。加快建立新栖息地是长期保护它们的唯一途径。

教育和宣传活动对保护濒危物种也起到了重要作用，最起码对不负责任的游客起到了教育作用。

几乎 50% 的物种濒临灭绝

根据国际自然保护联盟的资料，634 种灵长类动物中有 200 多种濒临灭绝，其中有 50 多种因为缺乏充分的资料而无法定义它们的生存状态，而 40 种生存状态告急。

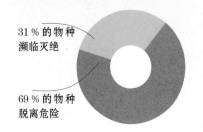

31% 的物种
濒临灭绝

69% 的物种
脱离危险

类人猿的生存现状

红毛猩猩、大猩猩、黑猩猩与倭黑猩猩的生存状态令人担忧。尽管它们遭受威胁的程度不尽相同，但是都逃离不了被捕猎、丧失栖息地与被非法买卖的厄运。人类是唯一没有遭受灭顶之灾的灵长类动物。

倭黑猩猩
Pan paniscus
自20世纪90年代起，倭黑猩猩由于丧失大片栖息地，生存现状令人担忧。

黑猩猩
Pan troglodytes
在类人猿中，黑猩猩分布最为广泛，但最近几十年它们的群体数目锐减，正处于危险状态。

苏门答腊猩猩
Pongo abelii

大部分苏门答腊猩猩生活在保护区之外。其生活稳定性被2004年的海啸所打破，由于海啸导致栖息地锐减，紧接着，它们对树木的需求日益增加。

西部大猩猩
Gorilla gorilla
种族争端、狩猎、森林砍伐与疾病传染是它们面临的主要威胁。

濒临灭绝的物种

在最近这10年里，若一种动物物种的锐减数目大于80%，或其数量少于250只，则被归为濒临灭绝的动物物种。非法售卖、砍伐森林制造木炭导致的栖息地减少以及在保护区内的人类的狩猎行为是黑冠猕猴、北鼬狐猴与丝绒冕狐猴生命备受威胁的三大原因。

黑冠猕猴
Macaca nigra

北鼬狐猴
Lepilemur septentrionalis

丝绒冕狐猴
Propithecus candidus

维龙加大猩猩

▲ 国家公园的一具猩猩尸体

一个护林员用树叶遮盖着黑猩猩的尸体。它尸首完整，这进一步证明凶手并不是为了走私贩卖而杀害它，而纯粹是为了恐吓动物保护主义者。否则，人们看到的估计是残缺不全的双手与头部。

▼ 维龙加的坟墓

被杀的大猩猩会被埋葬在国家公园，它们中的许多个体已经被科学家研究了多年。护林员会尽忠职守地保护它们的遗体。

▶ 恐怖的谋杀

自20世纪90年代中期维龙加摆脱了混乱的局面，即在卢旺达大屠杀之后，保护措施使得大猩猩的数目有所增加。但是2007年这个数目却有所减少，那时至少10只大猩猩被杀害。导致大猩猩死亡的原因众多，其中当地人为了制作木炭而砍伐森林是原因之一。大猩猩的集体死亡也引起了动物保护主义者的重视，因此，他们也呼吁减少树木的砍伐。

由于其生物与地理的多样性，维龙加国家公园是非洲的一大亮点。它位于乌干达、卢旺达与刚果的边界交界处。在那里生活的山地大猩猩数量约占世界上大猩猩总数的一半。由于山地大猩猩名列濒危动物的名单之中，因此，它们受到了动物保护主义者的保护与监视。但是，这一国家公园的大猩猩的生存仍面临威胁，例如武装斗争、非法买卖、为制作木炭而导致的栖息地被破坏。

原猴亚目

门：脊索动物门	
纲：哺乳纲	
目：灵长目	
亚目：原猴亚目	
科：6	
种：85	

原猴亚目的猴子是原始的灵长类动物，大部分是夜行性的，生活在非洲与亚洲。包括马达加斯加狐猴（有些是日行性动物）、亚洲懒猴、波多猴与非洲夜猴。它们长着圆圆的眼睛，而叶猴有着大大的耳朵、长长的尾巴和毛发。由于森林砍伐，大部分原猴亚目的猴子处于濒危状态。

Loris tardigradus
懒猴

体长：17.5~26 厘米
尾长：无
体重：85~350 克
社会单位：独居或成对
保护状况：濒危
分布范围：印度及斯里兰卡

　　它们是森林里四处穿梭的"常客"。有着大大的眼睛与敏锐的视觉。以蜥蜴、昆虫、卵、小型无脊椎动物、树叶与嫩芽为食。有着发达的食指与边缘无毛的耳朵。后腰处皮肤颜色有灰黄色、深褐色与浅红色，下肢呈现白色或银灰色。雌性懒猴占主导地位，并且在 10 个月左右生殖器官就可达到成熟状态。妊娠期在 166~169 天之间不等，一次可产 2 只幼崽，6~7 个月之后便可断奶。

保护状况
生存状态遭受威胁的主要原因是人类对其栖息地森林的砍伐。此外，为了制作药材治疗眼疾，人类对其进行的捕杀与狩猎也是原因之一。

Otolemur crassicaudatus
粗尾婴猴

体长：29~37 厘米
尾长：41~47 厘米
体重：1~2 千克
社会单位：独居或群居
保护状况：无危
分布范围：非洲中部、东部与东南部

　　粗尾婴猴是夜行性动物，有着大大的耳朵、圆圆的眼睛和脑袋、宽而短的鼻子、粗而多毛的尾巴，它们的名字也由此而来。粗尾婴猴是夜猴中体形最大的，能够快速地定位与捕捉昆虫。此外，它们也用牙齿啃食树液与树胶。它们有着粗糙的皮肤，皮肤颜色根据栖息地的不同而变化：有亮色的、浅灰色的与暗褐色的。群居时，一般由雄性婴猴、雌性婴猴与猴崽构成一个集体。它们与其他夜猴最大的不同点在于，擅长用四肢行走与跑动。

Perodicticus potto
树熊猴

体长：30~40 厘米
尾长：3.7~15 厘米
体重：600~1600 克
社会单位：独居或群居
保护状况：无危
分布范围：非洲西部与中部

　　树熊猴这一物种由三大亚种构成。树熊猴体形很小，喜好夜行，是爬树与跳跃的"能手"。它们一旦受到惊吓，会长时间保持安静来误导攻击者。有着相对突出的鼻子，小小的耳朵与眼睛。皮肤的颜色可以是红色、灰色或褐色。后背突出的脊椎部分长着一些坚硬的毛发用作防御。旱季摄食树胶，雨季主要摄食昆虫、蜗牛与果实。它们分布广泛，妊娠期长达 200 天，寿命约为 25 年。

适应环境

原猴亚目的猴子都适应了树上的生活，而且大部分是夜行性动物，有着大大的眼窝与良好的夜间视力。它们通过四肢行走，擅于抓取物体及在树枝之间摇摆与跳跃。大部分栖居在中高处的树冠上。除了指猴，所有原猴都有着像梳子一般的牙齿，由4~6颗下门牙组成，可以相互理顺毛发。此外，它们还有着长长的爪子与平平的指甲。相比其他灵长类动物，它们的嗅觉更为灵敏。

分类

原猴亚目的猴子很难分类。原猴亚目有三大亚群：狐猴、指猴与懒猴。最新研究显示，并不是所有原猴都有共同的特点与祖先。猴子与猿猴是较为原始的灵长类动物。此外，眼镜猴也属于较为原始的灵长类动物，如今也被归类为猴子的一种。

领地

不同的原猴亚目物种通过不同的方式来宣示自己的领地。大狐猴生活在大树叶下，并且会通过发出强烈的呻吟声来宣示自己的主权。而黑狐猴十分爱惜自己的生活空间与资源。狐猴会发出"嘶发"的叫声来宣示自己的领地。环尾狐猴利用手腕处的腺体来摩擦幼树，通过发出声音来宣布自己的领地。夜猴用自己的尿液来标定领地。

Propithecus verreauxi

维氏冕狐猴

体长：45~55 厘米
尾长：43~56 厘米
体重：3~7 千克
社会单位：群居
保护状况：易危
分布范围：马达加斯加西部与南部

关于维氏冕狐猴的生活仍旧存在许多未知的东西。它们所居住的环境十分多样，上至热带雨林下至干燥的落叶林。又名白冕猴，喜好群居，有时候甚至12只维氏冕狐猴共同居住，它们为了寻找食物能够四处灵活穿梭。树叶是它们主要的食物来源，此外也吃水果、树皮与花朵。它们会根据质量而非数量来挑选食物，通常会挑选比较有营养的食材。

毛发大多呈白色，头部如同它们的手臂与腰窝一般呈褐色或黑色。目前存在着4种维氏冕狐猴。它们的脸比其他猴子的要宽些。与其他的狐猴相比，它们有着宽的肋骨、直立的腰椎与窄窄的盆骨，因此，灵活性更强。妊娠期长达130天，雌性维氏冕狐猴通常在6~8月之间产崽，一胎只产1只幼崽。幼崽生下来之后前8周会一直挂在母猴的腹部，8至19周会趴在母猴背上。维氏冕狐猴可以活20多年。

肢体敏捷
用尾巴来保持平衡，从树枝间跳到地上，它们的步态有些笨拙

Eulemur macaco

黑美狐猴

体长：30~45 厘米
尾长：55~60 厘米
体重：3 千克
社会单位：群居
保护状况：易危
分布范围：马达加斯加北部

黑美狐猴生活在潮湿的森林里，性别二态性很明显。雄性毛发为黑色，而雌性毛发比褐色或橙褐色要亮一些。成员数高达15只的黑美狐猴猴群无论日夜活动都十分活跃。主要吃水果、树叶、蘑菇、花朵与小型无脊椎动物。雌黑美狐猴在4~5月之间交配，在长达125天的妊娠期后，会在8~10月之间生产。幼崽会在6个月后断奶，2年之后达到性成熟。

Varecia variegata
领狐猴

体长：51~60 厘米
尾长：56~65 厘米
体重：3.2~4.5 千克
社会单位：群居
保护状况：极危
分布范围：马达加斯加东部

毛发为白色或红白相间，身体很多部位包括脸是黑色的。生活在热带雨林高高的树林上面，只吃经过精挑细选之后的水果。因为这个饮食特点使得它们的生活原状容易被打破，生命容易遭受威胁。它们群居在一起，每个群体有 2~20 只个体。在 90~102 天的妊娠期后，雌性领狐猴会产下 2~3 只幼崽，幼领狐猴出生后会在窝里待上几个星期，之后雌性领狐猴会把它们叼在嘴里四处行走。领狐猴是唯一一种会为了照顾刚出生的幼猴而建起一个特别的小窝的灵长类动物。

生态保护

领狐猴猴群分布十分分散，并且数目呈现减少的趋势。目前它们分别栖居在 11 个不同的保护区内，已有拓展栖息地的计划。

比其他狐猴的手指更长、更强壮。触觉接触是它们交流的方式之一。

Daubentonia madagascariensis
指猴

体长：36~44 厘米
尾长：22.5~40 厘米
体重：2.5~2.6 千克
社会单位：独居或群居
保护状况：近危
分布范围：马达加斯加东部与西北部

指猴，作为一种稀有的猴子，它们可以生活在不同的环境里：热带森林、红树林、干旱的森林、椰林甚至耕地。是夜行性动物，与其他狐猴相比，它们的睡眠时间较多。主要吃从掀开的树皮里捉来的虫子。

Avahi laniger
蓬毛狐猴

体长：30~45 厘米
尾长：37 厘米
体重：600~1300 克
社会单位：群居或成对
保护状况：无危
分布范围：马达加斯加东部

蓬毛狐猴是夜行性动物，毛发浓厚，一雄一雌与幼崽生活在潮湿的森林里。白天睡在靠近地面的浓密的枝叶间。脸部的毛发很短，耳朵被长长的毛发覆盖着。以树叶与嫩芽为食。

Indri indri
大狐猴

体长：60~90 厘米
尾长：5~6 厘米
体重：7~10 千克
社会单位：成对或群居
保护状况：濒危
分布范围：马达加斯加东北部

大狐猴又称原狐猴，是一种体形较大的狐猴，常于白天活动。生活在平原或潮湿的山地森林里。喜群居，一般 2~6 只成群结队，由成年的雌猴、雄猴与幼崽组成。它们所占领的领地可达 18 万平方米。

食物主要以树叶、水果与树皮为主。择木而栖，有些情况下也会下降到地面生活。雌性大狐猴一般每间隔 2~3 年产 1 胎，妊娠期长达 120~150 天。幼崽 6 个月之后就会断奶，但是会待在雌性猴身边大约 2 年。

保护状况

大狐猴濒危的主要原因是森林砍伐。它们栖居在马达加斯加岛的 10 个保护区里，并且为了杜绝人类的捕杀行为，它们还是一个教育项目的形象大使。在国际范围内，大狐猴的买卖是被明令禁止的。

Lemur catta
环尾狐猴

体长：38~46 厘米
尾长：56~62 厘米
体重：2.2~3.5 千克
社会单位：群居
保护状况：近危
分布范围：马达加斯加南部

灵活的双手
双手长着老茧，有着尖尖的指爪，善于爬树。

繁衍后代
经过4个月的妊娠期后，会产下1~2只幼崽。哺乳期为5个月，第三年达到性成熟。

保护状况
由于近年来环尾狐猴数目的锐减，它们已被列入濒危动物。为了防止它们的数目继续减少，在马达加斯加的各个地方已设立了许多保护区。

环尾狐猴是最知名、最具象征性的狐猴。长长的尾巴，颜色黑白相间，可绕成环形，因此被命名为环尾狐猴。体形相对较大，喜好社交群居，环尾狐猴猴群可由25只个体组成。它们在地面度过大部分时光，因此，它们在地面行走的灵活度比其他狐猴要好得多。此外，它们还是"爬树高手"。猴群一般由雄猴与雌猴组成，雌猴在社会地位上占有主导与优先权，其中包括觅食。毛发呈现灰色，有部分毛发尤其是下肢为白色或浅灰色。就像大部分狐猴一样，环尾狐猴有着尖长的黑鼻子，后肢比前肢要长，手掌上的毛很柔软。与其他品种的狐猴不同的是，它们脚上的毛并不多。可以在马达加斯加西南部与南部干旱的森林、大草原、峡谷或岩石地区找到它们的身影。雄环尾狐猴有两大腺体可分泌出分泌物，用来标示自己的领地。其中一个腺体位于胸与腋窝之间，另外一个在手腕旁边。它们主要的食物有树叶、树根、果实、叶芽与一些小昆虫。在它们消化了果实之后，会四处散播种子，在自然界起到了播种的作用。

黑色的眼眶
在环尾狐猴眼睛的四周，长着一圈黑色的毛发。

猴子、猿猴与眼镜猴

| 门：脊索动物门 |
| 纲：哺乳纲 |
| 目：灵长目 |
| 亚目：简鼻亚目 |
| 科：5 |
| 种：263 |

新旧世界的猴子、黑猩猩、大猩猩、红毛猩猩与眼镜猴都属于简鼻亚目。它们的鼻子、耳朵与胎盘与原猴亚目的猴子有所不同。大部分简鼻亚目的猴子与猩猩喜好素食，当然也有一些品种是草肉兼食的。它们的解剖结构和智力与人类有相似之处，这是许多科学家的科研项目。

Tarsius tarsier
马来西亚眼镜猴

体长：9.5~12.7 厘米
尾长：20~25 厘米
体重：80~135 克
社会单位：群居
保护状况：易危
分布范围：印度尼西亚（苏拉威西岛西部与南部及附近岛屿）

最近这 30 年由于栖息地（森林与红树林）的减少，导致了马来西亚

眼镜猴数目相应地下降。它们动作灵敏，既可在树上四处摇摆，也可垂直地挂在树上。一般在距离地面 2 米左右的树荫下能找到它们的身影。马来西亚眼镜猴是一种喜好夜行与社交的灵长类动物。其猴群可多达 6 名成员，实行一夫一妻制或一夫多妻制。它们的食物主要是昆虫与其他一些小型无脊椎动物。它们的领地一般小于 1 万平方米。它们偏好栖居在树叶浓密的地方，白天可以在此舒适地睡觉。

有力的双腿
马来西亚眼镜猴因为有长长的后肢，可以完成大幅度的跳跃。

Callithrix jacchus
普通狨猴

体长：12~15 厘米
尾长：29.5~35 厘米
体重：300~360 克
社会单位：群居
保护状况：无危
分布范围：巴西东北部

普通狨猴是择木而栖、草肉兼食的日行性动物。栖居在热带森林或耕地中。但是相比浓密的植被，它们更喜欢森林。雌猴在发情期时会同时与 2 只雄猴一同交配。普通狨猴猴群最多可由 13 只猴子组成。在长达 148 天的妊娠期后，雌猴会产下 2 只幼崽，幼崽出生后由雌猴与雄猴一同抚养长大。

Tarsius bancanus
邦加跗猴

体长：8~12.5 厘米
尾长：13~27.5 厘米
体重：85~160 克
社会单位：独居
保护状况：易危
分布范围：印度尼西亚，婆罗洲岛与附近岛屿

邦加跗猴是夜行性动物，吃节肢动物、蝙蝠与小鸟。除了具有敏锐的感官，它们还能把头转到后方，这使得它们能够时刻警惕敌人的到来。实行一夫一妻制，能轻易地爬树与悬挂。在长达 180 天的妊娠期后产崽，幼崽有着浓密的毛发，能够自己理顺毛发。

Callithrix pygmaea
侏狨

体长：11.7~15.2 厘米
尾长：17.2~23 厘米
体重：107~141 克
社会单位：群居
保护状况：无危
分布范围：南美洲西北部

侏狨栖居在亚马孙流域的上游，是世界上最小的猴子。食物主要是在树木的树皮内提取的树液、橡胶与乳胶。毛发柔顺而浓密。除了大脚趾上有唯一一块扁平的脚指甲，所有的指头都有尖利的爪子。在长达 140 天的妊娠期后，雌猴会产下 2 只幼崽。

解剖结构

猴子有着平坦的胸部、多毛的鼻子与较大的脑袋，是四足动物，但是能够直立地坐下与行走。旧世界猴子有着窄窄的鼻梁与朝前或朝下的鼻孔，而新世界的猴子有着宽宽的鼻梁与朝向两侧的鼻孔。那些类人猿有着短短的脊椎骨与宽短的盆骨，这使得它们可以直立行走。此外，它们还有宽阔的胸腔，可以灵活运动的肩关节，它们的肩胛骨在背上。

社会组织

一般猴群由雄猴、雌猴与幼猴组成。但是有些也会组成一夫多妻制的猴群，像叶猴与猕猴。而那些体形较小的，如蜘蛛猴，则组成上百只的猴群。体形较小的猿猴会一雄一雌在领地上生活，而体形较大的，像红毛猩猩则自己独立生活。大猩猩会组成多达30只个体的猩猩群体，由一只占主导地位的雄性大猩猩所统领。而黑猩猩则会互相合作，共同制订狩猎方案，以便捕捉其他动物，甚至包括其他种类的猴子。通常情况下，猴群内的成员相互理顺毛发是一个日常的行为习惯。

智力

猿猴，就像人类一样，拥有解决复杂问题的能力。有些甚至可以根据自身需要制作工具。猴子可以使用岩石或棍子来敲打干果，为了方便进食，它们还会自己取出种子。所有的灵长类动物都具备学习与记忆的能力。这些能力使得它们可以在不同环境下的栖息地里逐渐适应并生存下来。根据一些科学研究，红毛猩猩可以通过手语解开谜语与识别记号。

Aotus azarae
阿氏夜猴

体长：24~47.5 厘米
尾长：31~41.8 厘米
体重：78~1250 克
社会单位：群居
保护状况：无危
分布范围：南美洲

阿氏夜猴是唯一一种日夜兼行的猴子，其余品种都有着夜行的习惯。它们的毛发尽管不长，但很浓密。它们的大部分体毛呈黄褐色，肚子上的毛呈微红色或偏橙色，眉毛与眼睛之间有着白色的标记，这个独特的面部特征，有助于把它们和其他种群的猴子区分开来。猴群一般由雄猴、雌猴与幼猴所组成，生活在平原各种各样的森林里。除了群居，也可独居，草肉兼食。领地范围约 10 万平方米，它们晚上散步时在半径 800 米的范围内活动。雌猴妊娠期长达 133 天，幼猴 1 年之后断奶，2 年之后达到性成熟。

灵活的双手
指尖上长着肉垫

Leontopithecus rosalia
金狮狨

体长：31~36 厘米
尾长：31.5~40 厘米
体重：400~800 克
社会单位：群居
保护状况：濒危
分布范围：巴西的大西洋沿岸

顾名思义，这种猴子有着长而浓密的金色毛发，像极了狮子，因此被命名为金狮狨，可组成多达 16 只个体的猴群。雌猴在长达 130~135 天的妊娠期后会产下 2 只幼猴。起初几个月幼猴由雌猴照顾，之后由整个猴群，尤其是由雄猴照顾。通过叫喊与动作来圈定自己的领地范围。它们草肉兼食，吃树叶、果实、青蛙、蜗牛、小蜥蜴、卵与鸽子。天敌有蛇、猛禽与猫。寿命约有 15 年。

宽宽的鼻子
鼻孔分得很开

保护状况

金狮狨是世界上罕有的物种。在野生地区，只有 600 只金狮狨。有 1/3 的金狮狨是依靠人类圈养而存活下来的。

Saguinus imperator
皇狨猴

体长：25~26 厘米
尾长：35~42 厘米
体重：300~450 克
社会单位：群居
保护状况：无危
分布范围：亚马孙盆地西南部
（巴西、玻利维亚与秘鲁）

皇狨猴有着长长的白色胡须，但体毛主要是深灰色，背部偏黄色，胸部微红色。栖居在洪涝泛滥且树木浓密的亚马孙森林里。择木而栖，草肉兼食，可以和其他狨猴共同生活。皇狨猴猴群由许多成年狨猴组成，其中包括 2 只雄性皇狨猴。猴群内部的等级根据性别与年龄而不同。

Saimiri sciureus
松鼠猴

体长：25~32 厘米
尾长：37~43.4 厘米
体重：0.6~1.4 千克
社会单位：群居
保护状况：无危
分布范围：南美洲中部与北部

松鼠猴生活在热带森林的中部，有着浅灰色的体毛与黄色的爪子。它们是日行性群居动物，可以组成多达 300 只个体的猴群，猴群根据亲属关系细分，且雌猴占主导地位。松鼠猴主要吃水果与昆虫。在它们的繁殖期，性关系十分随意。幼猴经过 145~170 天的妊娠期后一般在雨季出生，因为在此期间食物资源十分丰富。寿命长达 20 年。

Ateles geoffroyi
黑掌蜘蛛猴

体长：30.5~63 厘米
尾长：63.5~84 厘米
体重：6.6~9 千克
社会单位：群居
保护状况：濒危
分布范围：墨西哥南部与中美洲

黑掌蜘蛛猴拥有长长的四肢与尾巴，因此看上去像蜘蛛一样，可以轻易地悬挂在热带森林的树木上。头部很小，有着大大的鼻子，背部呈黑色、褐色或微红色，胸部与腹部的颜色会亮一些。猴群可多达 20~30 只，占地约 230 万平方米。为了寻找成熟的水果，它们会集中在白天行动，一般早上吃很多食物，而剩余时间用来休息。在长达 226~232 天的妊娠期后，雌猴会产下唯一一只幼猴。因为雌猴在哺乳期间是无法排卵的，因此，每 2~4 年才会产 1 胎。

保护状况

对黑掌蜘蛛猴的国际买卖是受到严厉管制的。此外，目前总共设立了 60 个私立或公立的蜘蛛猴自然保护区。

Cacajao calvus
白秃猴

体长：36~57 厘米
尾长：13.7~18.5 厘米
体重：2.6~3.5 千克
社会单位：群居
保护状况：易危
分布范围：亚马孙盆地

白秃猴只生活在雨水充足的亚马孙热带森林里。长相特别，红色秃头，身体毛发浓密，尾巴很短，无法缠绕挂树。白秃猴是择木而栖且喜好日间行动的四足动物。它们的主要食物是种子与果实。猴群一般由 10~30 只个体组成，有时甚至是 100 只。实行一夫一妻制，寿命长达 30 年。

非常敏感

它们可以单手悬挂在树上或者用尾巴拴住树枝悬挂在树上，尾巴可视为它们的第五个肢体。

Cebus apella
黑帽悬猴

体长：35~48.8 厘米
尾长：37.5~48.8 厘米
体重：2.5~4.5 千克
社会单位：群居
保护状况：无危
分布范围：南美洲

黑帽悬猴生活在安第斯山脉东部的热带与亚热带森林里，此外，在干燥的森林、阿根廷西北部海拔高达 1100 米的丛林里也可找到它们的身影。一般栖居在中低下层的树木里，因为在那里比较容易找到食物。在所有卷尾猴中，黑帽悬猴适应力最强，能够在各种各样的环境中生存下来。因此，它们的分布范围也十分广泛。毛发颜色各异，有亮褐色、芥末色甚至黑色。下颚有力，可咀嚼大型水果、蔬菜、种子与各类动物，上至青蛙、蜥蜴、鸽子与黄鼠狼，下至无脊椎动物。它们在进食时会发出很大的响声。黑帽悬猴喜欢霸占领地，为此会攻击其他猴子。它们的活动范围在 25 万~40 万平方米之间。能通过嗅觉判定自己的领地，通常用尿液洗手，之后会用自己的毛发来擦拭双手。寿命长达 45 年。

它们实行一夫多妻制，因此，通常是许多只雌性黑帽悬猴与占主导地位的雄猴一起交配。在长达 150~160 天的妊娠期后，雌猴会产下幼猴。雄猴大约在 6 岁的时候达到性成熟，此时它会远离自己的群体，而雌猴会继续留下来。

Alouatta caraya

黑吼猴

体长：55~90 厘米
尾长：55~90 厘米
体重：4.5~8 千克
社会单位：群居
保护状况：无危
分布范围：南美洲中部

黑吼猴是唯一一种吃大量成熟树叶的新世界猴子，通常这类型的叶子会比较硬，汁液比较少。此外，它们也吃幼芽、种子与花朵。黑吼猴是美洲大陆上体形最大的灵长类动物。雌雄性别二态性，体形与毛发颜色都有所不同。幼猴刚出生的时候，体毛与雌猴一致，但是随着时间的增长，它们淡黄色的毛发会根据自身性别慢慢变色。黑吼猴的尾巴与身体一样长，有力且可缠绕。双手灵活，不仅可以抓住树枝，还可以辨别物体的材质。

黑吼猴择木而栖，可栖居在形态各异的森林里，上至潮湿的靠近河流的森林，下至平坦的大草原。黑吼猴猴群可由多达 9 只的个体组成，但是有些群居猴群甚至多达 20 只。它们通过叫喊声或粪便来宣告自己的领地；此外，还会通过反复摩擦树枝留下自己的体味来宣告领地所有权。

黑吼猴的妊娠期长达约 187 天。雌猴一胎只产 1 只幼崽。幼猴刚出生时体重最多可达到 100 克，由雌猴照顾长达 1 年。当幼猴长大成形后，雌性幼猴会留在猴群里，而雄性幼猴会离开原来的猴群，并与其他猴子组成新的猴群。在幼猴的生母死去后，其他雌性黑吼猴会担当起照顾幼猴的责任。此外，年轻的雄性黑吼猴是禁止与它的兄弟一起生活的，因为它们会手足相残。

丛林的吼叫
每天早上或下午，黑吼猴都会发出吼叫声，以此宣告自己的领地所有权。它们的叫声在2千米的范围内都能被听得到。

褐色的眼睛
大小适中的眼睛朝向前方。

光秃秃的鼻子
脸部几乎无毛，鼻孔靠得很近。

性别二态性
雌性黑吼猴尾巴呈现淡黄色，有时候甚至是金黄色；而雄猴体形较大，毛发黑色，黑吼猴也因此而得名。

颜色与信号

在非洲丛林中，大部分山魈都拥有十分醒目的脸庞。它们有着长长的红色鼻子、偏黄色的胡须与瘦骨嶙峋的骨架。山魈的体色根据社会组织关系的不同而有所变化：占主导地位的雄山魈一般会拥有与众不同的身体特征，而且它们会通过这些特征来互相交流与传递信号，例如，它们会露出自己的牙齿，且通过头部与双臂的摆动来吓退对手。

Mandrillus sphinx

山魈

体长：61~76.4 厘米
尾长：5.2~7.6 厘米
体重：11.5~54 千克
社会单位：群居
保护状况：易危
分布范围：非洲中西部

照顾幼崽
由雌山魈而非雄山魈负责照顾幼崽。

山魈内部会组成一个十分精巧的社会结构：其群体由多达 250 只山魈组成，其中再细分为多个由 20 只个体组成的小团体，一般由雄山魈统领。拥有主导权的雄山魈可与多只多产的雌山魈交配。

多样的膳食

山魈在白天时会离开树木四处寻找食物，它们主要吃水果、种子、蘑菇、昆虫、蚯蚓、蟾蜍、蜥蜴，甚至蛇及其他小型脊椎动物。

繁殖

在 4~8 岁的时候，雌山魈在长达半年的妊娠期后会产下它们的第一胎，每隔 18~24 个月就会繁殖一次，一次只产 1 只幼崽。幼崽成长到 2 个月大后，会有黑色的毛发与粉红色的皮肤。

锐利的眼神
它们的立体视觉与对颜色的识别能力使得它们可以辨别同伴所传递的信号。

蓝色的侧鼻
在鼻子的两端有着直立的蓝色侧鼻，这是把山魈与其他灵长类动物区别开来的一大特点。

红色的鼻子
鼻子红色的深浅根据其年龄不同而不同。雄山魈由于睾丸素的增加会使得鼻子颜色更深。

骇人的犬齿
山魈张开大大的嘴巴露出锋利的犬齿，它们通过这样的动作向敌人发出恐吓的信号。通常它们还会摆动自己的双臂。

山魈是四足动物，走路时手脚并用。一般它们会团体一起觅食，通过发出低吼来互相保持联系。

黄色的胡须
只有雄山魈才有耀眼的胡须，呈黄色或橙色。

12 厘米
占主导地位的雄山魈的犬齿可以长到的长度。

性别二态性
雌山魈的体形大概是雄山魈的1/3，而且它们面部的颜色会淡一些。雄山魈平均体重为25千克，而雌山魈的体重才11.5千克。年轻的雄山魈的身体颜色比成年的雄山魈要淡一些。

雌山魈   雄山魈

变化莫测的色调

当一只雄山魈很兴奋的时候，它屁股的颜色以及胸前的蓝色会闪闪发亮。此外，它们尾巴的颜色也会传递出信号：当它表示屈服或者想在茂密的植被中安定下来时，它的尾巴会变成深色。

淡紫红色
山魈的屁股布满血管，所以呈现淡紫红色。

脚踝与手腕
山魈兴奋的时候脚踝与手腕会变成红色。

Cercopithecus neglectus
白臀长尾猴

体长：40~60 厘米
尾长：48~67 厘米
体重：4.5~7.8 千克
社会单位：群居
保护状况：无危
分布范围：非洲中部

白臀长尾猴栖息在靠近河流的热带森林或遍布金合欢树的沼泽湿地里，通常都是一些靠近水资源且海拔不高于 2000 米的地方。作为群居动物，猴群里可有多达 30 只白臀长尾猴，一般由雄猴统领，而且大部分择木而栖，占地 15 万平方米。它们的主要食物是果实、种子、树叶、树根甚至小型鸟类、卵、昆虫与部分爬行动物。尽管分布范围很广，但是在自然环境中白臀长尾猴的数目仍是十分有限的。妊娠期长达 5~6 个月，幼猴 1 年后断奶，5~6 岁达到性成熟

保护状况
尽管白臀长尾猴在大部分栖息地分布广泛，数目相对充足，但是近年发现它们在肯尼亚正濒临灭绝

主教般的面容
白臀长尾猴又称作主教猴，因为它脸部的长毛发使它看起来像一个主教老头。

Cercopithecus diana
黛安娜长尾猴

体长：40~55 厘米
尾长：50~75 厘米
体重：4~7 千克
社会单位：群居
保护状况：易危
分布范围：非洲西部（塞拉利昂至科特迪瓦）

毛发呈现黑色或深灰色，身体前半部从喉咙到前臂呈白色。此外，它们的眉毛也是白色的，背部的下半部呈栗色。它们大部分时间都在靠近河流的潮湿森林里。作为日行性动物，一般在树林的高处休息。主要吃水果、昆虫、花朵、嫩叶与卵。群居动物，一个猴群可有多达 50 只黛安娜长尾猴，由雄猴、雌猴与幼猴所组成。在遭遇危险的情况下，黛安娜长尾猴会发出强烈的吼叫声。在长达 5 个月的妊娠期后，母猴会产下唯一一只幼猴。幼猴在 5 个月之内都由雌猴照顾，直到 3 岁时达到性成熟，成年的雄猴一般会离开自己原本的猴群。寿命长达 20 年。

Erythrocebus patas
赤猴

体长：60~87.5 厘米
尾长：50~75 厘米
体重：4~13 千克
社会单位：群居
保护状况：无危
分布范围：非洲中部

赤猴生活在草原或半沙漠地区，是行动最敏捷的灵长类动物，速度可达 55 千米/时。赤猴是日行性动物，喜好群居，猴群可由多达 30 只赤猴组成。主要食物为青草、种子与果实。每只赤猴霸占一棵树用来睡觉与休息，因此，它们的分布范围可达 250 万平方千米。它们的繁殖率很高，但是成年赤猴因其陆栖性的生活习惯，死亡率也很高。

Cercopithecus mitis
青长尾猴

体长：40~70 厘米
尾长：70~100 厘米
体重：6~12 千克
社会单位：群居
保护状况：无危
分布范围：非洲中部与东部

在前额有一块类似皇冠的斑纹，因此又名皇冠猴。青长尾猴有不同的亚种（总共有 17 种），其腰部颜色有灰色、褐色与橄榄绿色。青长尾猴是树栖性动物，栖居在各种各样的丛林中，甚至在海拔高达 3300 米的森林里也有分布。一个猴群由 10 多只青长尾猴组成，占地 5 万~10 万平方米。它们的主要食物是水果、蔬菜与无脊椎动物。

保护状况
由于森林砍伐与人类狩猎行为的猖獗，黛安娜长尾猴的栖息地正在慢慢减少。它们的皮肉是十分有价值的。在加纳，黛安娜长尾猴已经灭绝。近来对它的研究遇到了困难，因为已经很难在生态保护区内找到黛安娜长尾猴的研究个体。

Colobus guereza
东黑白疣猴

体长：45~72 厘米
尾长：52~100 厘米
体重：8~14 千克
社会单位：群居
保护状况：无危
分布范围：非洲中部

东黑白疣猴栖居在靠近河流或小溪的潮湿的热带森林里。猴群可由多达 15 只猴子组成。毛发颜色为深黑色，与此同时，它们的脸、肩膀与尾巴都是白色的。它们白天活动，择木而栖，好动且喜吼叫，活动范围约 20 万平方米。必要时它们还会攻击自己的同伴或其他类似种类的猴子。在夜晚的时候，它们会轮流值岗，留意敌人的攻击。它们的主要食物为嫩叶、果实与嫩芽。东黑白疣猴在任何时间都可以交配。在 175 天的妊娠期后，雌猴会产下唯一一只幼猴，幼猴在 6 个月之后会断奶。雄性幼猴在 6 年之后才会达到性成熟，而雌猴只需要 4 年。在成年之后，雄猴会离开原来的猴群并且会为心爱的雌猴而争风吃醋甚至打架，通过与雌猴的交配来组建自己的猴群。寿命长达 30 年。

亚种的多样性
不同亚种的尾巴长度也相应地有所不同，总共有 8 个东黑白疣猴亚种。

幼猴的颜色
刚出生的时候幼猴是白色的，经过几个月的成长后渐渐会变成自己特有的颜色。

Allenopithecus nigroviridis
短肢猴

体长：45~60 厘米
尾长：50 厘米
体重：3.5~6 千克
社会单位：群居
保护状况：无危
分布范围：刚果盆地（非洲中部）

短肢猴只栖居在刚果河潮湿的沼泽林或河岸旁边。身体健壮，毛发呈灰绿色。白天它们在地上或浅滩上寻觅食物。主要食物为水果、树叶、甲虫与蚯蚓。猴群由 40 只短肢猴组成，个体之间通过手势与叫声互相交流。为了规避危险，它们可以跳入水中。一胎只产 1 只幼崽，幼猴由雌猴照顾长达 75 天。

Macaca mulatta
普通猕猴

体长：45~64 厘米
尾长：19~32 厘米
体重：5.5~12 千克
社会单位：群居
保护状况：无危
分布范围：亚洲南部、东南部与东部

普通猕猴数量繁多，适应力强，是猴子中分布最广的品种。它们既可生活在树上也可生活在地上。普通猕猴是食草性动物，但也吃部分昆虫。它们智力超群，可以组成有 200 只个体的猴群，通过性别与年龄来划分等级。妊娠期长达 165 天，一次通常只产 1 只幼崽。雌猴与其姐妹通常肩负起照顾幼猴的责任。

Piliocolobus badius
西方红疣猴

体长：45~69 厘米
尾巴：51~80 厘米
体重：5.1~11.5 千克
社会单位：群居
保护状况：濒危
分布范围：非洲西部（塞内加尔至加纳）

通常可以在四季常青的热带雨林里找到西方红疣猴的身影。毛发黑色或深灰色。猴群可由多达 90 只红疣猴组成。喜好日间行动，择木而栖，会分散成几伙四处寻找食物。一只雄性西方红疣猴可与多只雌猴交配，雌猴每两年产 1 胎。雌猴达到性成熟后会离开原本的猴群，而雄猴会继续留下来。它们是黑猩猩的常见猎物。

保护状况
由于它们的肉很珍贵，人类的狩猎使得红疣猴正处于危险之中。同时，它们也面临着森林砍伐、农业耕种与人类住宅增多而导致的栖息地减少等问题。

Macaca nigra
黑冠猕猴

体长：44.5~57 厘米
尾长：1~3 厘米
体重：5.5~10.4 千克
社会单位：群居
保护状况：极危
分布范围：西里伯斯岛，主要是
苏拉威西岛（印度尼西亚）

　　黑冠猕猴身体健壮，除了屁股呈红色外，毛发通体全黑色。性别二态性十分明显：雄性猕猴的体重是雌性猕猴的 2 倍，而且犬齿也更加发达。犬齿的主要作用在于雄性猕猴需要捍卫自己的食物，或者在发情期与其他雄猴进行较量。黑冠猕猴可栖居在多种多样的环境里，从山地崎岖的森林到高达 1200 米的红树林，再到沿海地区或耕地。但是，在有人类踪迹的地方很少见到黑冠猕猴。它们同其他猕猴一样，也吃水果、种子、花、青草、树叶、蘑菇与其他无脊椎动物。它们天性喜好社交，通常在白天或傍晚的时候进行交流，其他时间用来觅食与休息。

保护状况

在最近几十年里，黑冠猕猴的数量减少了 80%。在马卢卡斯岛上，总共有 10 万只黑冠猕猴；但是在苏拉威西岛上，只有约 800 只。

Macaca fuscata
日本猕猴

体长：50~95 厘米
尾巴：8~12 厘米
体重：5.5~14 千克
社会单位：群居
保护状况：无危
分布范围：日本

红色的脸
无毛的脸上布满了许多血管，因此呈现红色。

Macaca arctoides
短尾猴

体长：48.5~65 厘米
尾长：32~69 毫米
体重：7.5~10.2 千克
社会单位：群居
保护状况：易危
分布范围：印度东北部与东南亚

　　短尾猴有着长而浓密的毛发，颜色呈深褐色。它们尾巴内部无毛。脸颊有很好的伸展性，短时间内可以容下很多食物（一般是果实）。它们大部分时间都生活在四季常绿的热带或亚热带森林里。妊娠期长达 177 天，幼猴会在第九个月后断奶，4~5 岁的时候达到性成熟。

　　日本猕猴是最靠近北部的猴子。它们在日本文化中占据了十分重要的地位，通常与一些佛教或神社的传说有关。它们没有天敌，但是城市建设与森林砍伐对它们的生存构成了极大的威胁。它们有着浓密的毛发用来抵御严寒，随着外部温度的下降，它们的毛发会变得比较粗。它们草肉兼食，组成有 200 只猴子的猴群，生活在森林或山地里。雄性猕猴与雌性猕猴内部各自存在不同的等级制度。妊娠期长达 173 天，一胎通常只产 1 只幼崽，产后幼崽由雄猴与雌猴共同照顾。

Macaca sylvanus
巴巴利猕猴

体长：56~70 厘米
尾长：无
体重：10~15 千克
社会单位：群居
保护状况：濒危
分布范围：非洲北部与直布罗陀

　　巴巴利猕猴也叫直布罗陀猴，是唯一一种只生存在亚洲之外的猕猴。它们喜欢在日间活动，栖居在杉树、松树、栎树林里。食草性动物，大部分时间都在地面活动。雄性巴巴利猕猴的体形要比雌猴大 1 倍多，雌猴可与猴群里的所有雄猴交配。它们复杂的社会结构反映了母权制以及雄猴因战斗力而地位不同的等级制。

保护状况

在野外，巴巴利猕猴的数量不超过 2.1 万只。它们备受摩洛哥与阿尔及利亚的法律所保护，因此，在当地也设立了许多生态保护区。但是另一方面，人类对巴巴利猕猴的狩猎与买卖也应当得到相应的控制。

Papio hamadryas
狒狒

体长：61~76.2 厘米
尾长：38.2~61 厘米
体重：9.2~21.5 千克
社会单位：群居
保护状况：无危
分布范围：非洲西北部（埃及与其邻国）与阿拉伯半岛

在古老的埃及，狒狒被驯化用来摘取果实或者牧羊。它们作为地方神被崇拜。雌狒狒的毛发呈亮褐色，而雄狒狒的毛发为灰色。它们栖居于洞穴或岩石之间，草肉兼食，食物根据季节而有所不同。与其他灵长类动物不同的是，它们是父权制。其复杂的社会结构分为 4 个等级：其中最基本的便是一夫多妻制，一般由 25 只狒狒组成一个群体，由一只占主导的雄狒狒所统领着，它严格控制着雌狒狒的行为活动。它们任何时候都可以交配，雌狒狒一胎只产 1 只幼崽，幼崽12 个月之后便可独立生活。

Papio anubis
东非狒狒

体长：48~76 厘米
尾长：38~58 厘米
体重：14~25 千克
社会单位：群居
保护状况：无危
分布范围：非洲中部

东非狒狒，作为分布最广泛的狒狒，栖居在非洲的 25 个国家里，栖息地有森林、稀树草原和草原。它们是地栖性的四足动物，一个群体可有多达 150 只狒狒。它们草肉兼食，与其他品种狒狒不同的是，它们的活动范围相对较小。其内部的社会结构很复杂，通过力量与活力来划分雄狒狒的等级，而雌狒狒主要通过世袭制来确定地位。成年雌狒狒是整个团体的中心。它们的成熟期较晚，一般雌狒狒 8 年才可达到性成熟，而雄狒狒要 10 年之久。任何时间都可交配。妊娠期约 180 天左右，一胎只产 1 只幼崽。幼崽会在 420 天之后断奶，之后便可独立生活

Macaca silenus
狮尾猴

体长：40~61 厘米
尾长：24~38 厘米
体重：3~10 千克
社会单位：群居
保护状况：濒危
分布范围：印度西南部

狮尾猴是最小的猕猴之一。毛发呈亮黑色，在它们黑色无毛的面部周围长着灰白色的胡须与鬃毛。它们喜欢在日间活动，择木而栖。吃小动物与蘑菇。由于担心天敌的进攻，它们在地面的觅食速度很快。与其他猕猴相比，它们比较不相信人类。只栖居在多山有雨的森林里，海拔高度可达 1500 米。狮尾猴猴群分布十分分散，实行一夫多妻制，通常组成有 12~35 只猴子的猴群，尽管雄猴占主导地位，但雌猴数量会比雄猴多。在 6 个月的妊娠期后，幼猴会在花果繁茂的季节出生，通常与夏季季风同期。雌猴在 4 岁之后可达性成熟，而雄猴要到 6 岁。它们占地可达 140 万平方米，会大声尖叫以警告进入它们领地的猴子。

保护状况

它们是生命面临威胁的灵长类动物之一。栖息地的大幅减少是它们面临的主要威胁。在全世界的各个动物园里，都有狮尾猴的圈养保育计划。

Mandrillus leucophaeus
鬼狒

体长：61~47 厘米
尾长：52~76 厘米
体重：11~55 千克
社会单位：群居
保护状况：濒危
分布范围：非洲西部

　　鬼狒像山魈一样，栖居在热带森林里，吃水果、树根、青草与小动物，尤其是白蚁。一般组成有 20 只个体的群体，由雄性鬼狒占主导地位。通过用胸部摩擦树木来标示自己的活动领地。臀部呈现粉红色或蓝色。妊娠期长达 168~179 天，一次只产 1 只幼崽。它们很长寿，寿命有 46 年。

Theropithecus gelada
狮尾狒

体长：50~75 厘米
尾长：45~50 厘米
体重：11~21 千克
社会单位：群居
保护状况：无危
分布范围：埃塞俄比亚（中部高原）

　　狮尾狒属于日行性动物，栖居在高原地区，主要吃青草。群体一般由一只雄狮尾狒、多只雌狮尾狒与幼崽组成，有些群体甚至多达 350 只狮尾狒。倘若一只雄狮尾狒入侵，雌狮尾狒会负责捍卫领地。它们指爪灵活，可准确地抓取青草中可食用的部分。

Pygathrix nemaeus
白臀叶猴

体长：61~76.2 厘米
尾巴：55.8~76.2 厘米
体重：8.2~10.9 千克
社会单位：群居
保护状况：濒危
分布范围：东南亚

　　根据最新研究，白臀叶猴及大鼻猴与川金丝猴十分相似。它们栖居在海拔 2000 米的高山地区，大部分时间在树林的中高处度过，白天比较活跃。它们又被称作"着装的猴子"，因为它们的毛发颜色很像衬衣、手套、靴子、帽子与裤子穿在身上一样。它们喜好社交，个体之间喜好变换面部表情来做不同的小游戏。群体可有多达 15 只白臀叶猴，通常在森林的林间小道活动。占地 1.5~3.3 平方千米。82% 的食物是新鲜的嫩叶。在它们交配之前，雄猴与雌猴之间会相互传递性信号。经过 177 天的妊娠期，雌猴在 2~6 月之间产下 1~2 只幼崽。

Rhinopithecus roxellana
川金丝猴

体长：57~76 厘米
尾长：51~72 厘米
体重：11.6~19.8 千克
社会单位：群居
保护状况：濒危
分布范围：中国东部或西南部

平扁的小鼻子
鼻骨退化，鼻孔分得很开

不一样的毛发
额头与脖子部分颜色呈金黄色，身体其他部位的颜色根据性别而有所不同。

　　川金丝猴栖居在树木繁茂的山地，在那里有雪覆盖地面达 4 个月以上。它们的食物根据季节而不同：在冬天它们几乎只吃青苔与树皮，夏天的时候还会吃花朵、树叶、种子、嫩叶与昆虫。它们可以忍受低温，这是它们与其他灵长类动物相比最与众不同的特点。川金丝猴作为日行性动物，择木而栖，但是雄猴大部分时间都在地面上度过。它们之间存在着多种交流方式，每个个体都有自己独特的嗓音与吼叫声。一般的小猴群由一只占主导地位的雄猴与一群雌猴组成，在夏天的时候所有的小猴群会集合起来组成多达 600 只个体的大猴群。在大猴群之间，雄猴常常为了获得雌猴的芳心而大打出手。在长达 7 个月的妊娠期后，雌猴在 4~8 月之间产下 1 只幼崽。倘若有危险来临，雌猴会得到猴群里其他猴子的帮助，保护幼猴。它们的寿命有 26 年。

保护状况
近几十年来，由于森林砍伐与人类的狩猎行为，狒狒的数量已锐减了 50%。有关对狒狒的国际买卖是被明令禁止的。在越南和老挝，狒狒是备受法律保护的，但是这一法律并没有得到相应的执行力度。

Nasalis larvatus

长鼻猴

体长：60~76.2 厘米
尾长：55.9~76.2 厘米
体重：7~22.5 千克
社会单位：群居
保护状况：濒危
分布范围：婆罗洲岛

长鼻猴栖居在靠近河岸的混交林、热带雨林与红树林里。它们在日间活动，择木而栖，吃嫩芽与树叶。根据目前的记录，总共有 90 种植物是它们的主要食物，但是它们偏好红树林叶，而且也会吃些无脊椎动物。双足有蹼，是游泳的"高手"，有时候它们甚至利用会游水的特点来躲避危险或者尽可能地在更大范围内寻找食物。它们一般在清晨或傍晚时分进食，其他时间用来休息或进行社交活动，例如互相梳理毛发。由于体重较重，它们走路时四肢并用，行动缓慢。实行一夫多妻制。在长达 165 天的妊娠期后，雌猴会产下 1 只幼崽。雌猴会哺乳 6 个月，幼猴出生 1 年之后便可独立生活。一个长鼻猴猴群平均由 32 只猴子组成，有时候甚至达到 80 只，但是雄猴与雌猴随时都可以离开原本的猴群而加入其他猴群中。寿命不长，一般只有 20 年。

保护状况
栖息地的减少与人类的狩猎使得长鼻猴的生存状况堪忧。目前在野外只存活有约7000 只长鼻猴。

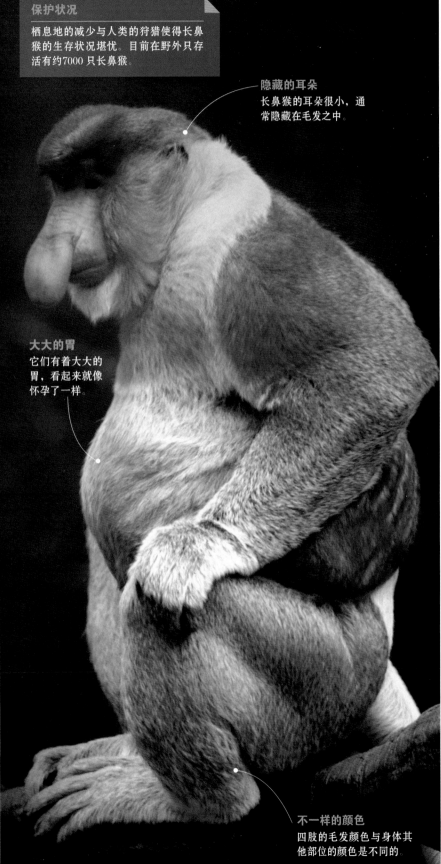

隐藏的耳朵
长鼻猴的耳朵很小，通常隐藏在毛发之中。

大大的胃
它们有着大大的胃，看起来就像怀孕了一样。

不一样的颜色
四肢的毛发颜色与身体其他部位的颜色是不同的。

大鼻子
一只成年长鼻猴的鼻子有10 厘米之长。在兴奋的时候，鼻子会变红。随着长鼻猴的成长，它们的鼻子也会慢慢地增长，最老的长鼻猴的整个鼻子甚至会下垂到嘴巴下方。

Hylobates muelleri
灰长臂猿

体长: 44~63.2 厘米
尾长: 无
体重: 4~8 千克
社会单位: 群居
保护状况: 濒危
分布范围: 婆罗洲岛

与其他旧世界灵长类动物不同，雌雄灰长臂猿长得十分相似。毛发颜色根据亚种不同，呈现灰色或褐色。它们有着长长的犬齿，大拇指长在手腕上而非手掌上，因此，它们双手十分灵活，可在树木之间来回穿梭攀爬。它们手臂十分灵活，双臂可有力地挂在树上，在树枝之间四处摇晃。一天之内，它们有 10 个小时都处于活跃状态，大部分时间都用来觅食。它们只吃成熟的水果与无花果，有时候也吃嫩叶与昆虫。以一个家庭作为最小单位，通常由成年雌猴、雄猴与幼猴组成。它们会尽力地捍卫自己的领地。

悬挂着
灰长臂猿通过双臂在树木之间来回移动

Hylobates pileatus
戴帽长臂猿

体长: 44~63.5 厘米
尾长: 无
体重: 4~8 千克
社会单位: 群居
保护状况: 濒危
分布范围: 东南亚(老挝、泰国与柬埔寨)

有关戴帽长臂猿的资料很少。与其他长臂猿不同的是，它们性别二态性很明显: 雄性戴帽长臂猿脚部呈黑色，手臂呈白色; 而雌性的毛发呈金黄色，且胸部呈黑色。通常在四季常绿的森林里会找到它们的踪迹。一夫一妻制，但是有些实行一夫多妻制。戴帽长臂猿长大成熟之后，便会离开原本的猴群。它们作为日行性动物，择木而栖，会通过不同的叫声与威胁方式来捍卫它们约 25 万平方米的领地。通常凑成一群的雄猴与雌猴会一起发出叫喊声，组成二重奏。它们的主要食物是水果与无花果，但是有时候也吃花、昆虫与卵。

雌性戴帽长臂猿
它们的毛发颜色与雄猴十分不同。

Hylobates moloch
白眉长臂猿

体长: 45~64 厘米
尾长: 无
体重: 4~9 千克
社会单位: 群居
保护状况: 濒危
分布范围: 爪哇岛(印度尼西亚)

通常白眉长臂猿是不下树的，它们通常在爪哇岛西部的热带森林里高高的树冠上生活，吃成熟的水果。毛发呈银灰色，外层为黑色。它们手臂很长，身材苗条，可在树木之间轻松地来回穿梭。它们的寿命可长达 45 岁。一夫一妻制，因此，一般雄猿猴与雌猿猴会与它们生下的幼猿猴共同组成一个群体。在雄猿猴与雌猿猴 10~20 岁的时候，它们便可生育，通常总共产下 5~6 只幼猴，而雌猿猴会照顾幼猿猴 2 年，一旦过了这个期限，雌猿猴很快就会再次怀孕。妊娠期长达 7 个月。当白眉长臂猿达到性成熟的时候，它们便会离开原来的群体。因此，一个家庭组成的猿猴群体通常不超过 4 只个体。它们通过不同的叫喊声与吼叫声来捍卫自己的领地。与其他灵长类动物相比，白眉长臂猿寿命很长，可活至 45 岁。

保护状况

目前，野生白眉长臂猿的数目不超过 4500 只。森林砍伐、人类的狩猎与爪哇岛的城市化使得它们的生存面临威胁。

Hylobates syndactylus
合趾猿

体长：71~90 厘米
尾长：无
体重：8~12 千克
社会单位：群居
保护状况：濒危
分布范围：东南亚（马来西亚与印度尼西亚的苏门答腊岛）

合趾猿是体形最大的长臂猿，身高近 1 米。它的第二与第三个脚趾之间有一层薄膜，双趾合在一起，因此被称作合趾猿。它们有大大的喉囊。双臂长度可以是身体长度的 3 倍。实行一夫一妻制，一对合趾猿在早上的时候会通过二重唱的方式来标示自己的领地。它们在 8~10 个小时的觅食活动之后，会回到自己的窝内休憩。它们的食物有卵、昆虫与其他小动物。其中 48％ 的食物为树叶，这个比例比其他长臂猿大很多。雄性合趾猿与雌性合趾猿都有着十分发达的犬齿。妊娠期长达 7 个月，一般一胎生 2 只幼崽。在 18~24 个月之后，幼猿便会断奶。

喉囊
喉囊的存在使它们可以发出很大的吼叫声。

Hylobates lar
白掌长臂猿

体长：42~58 厘米
尾长：无
体重：4~7.6 千克
社会单位：群居
保护状况：濒危
分布范围：东南亚与中国南部

因为四肢的前半部分而被命名为白掌长臂猿。身体的其余部位呈深棕色或微红色。它们栖居在热带雨林中高高的树冠之上，很少下树。它们很挑食，只吃成熟的水果与幼嫩的树叶或嫩芽。实行一夫一妻制，一对白掌长臂猿为了捍卫领地，会发出二重唱。它们的繁殖与社交习惯与东南亚其他长臂猿都十分相似。

Nomascus concolor
黑冠长臂猿

体长：44~64 厘米
尾长：无
体重：5~8 千克
社会单位：群居
保护状况：极危
分布范围：中国南部、老挝与越南

黑冠长臂猿在以上三个国家分布得十分分散。过去，黑冠长臂猿分布面积广泛，一直蔓延到中国中部。雄性黑冠长臂猿在 6 岁的时候，毛发呈黑色，在此之前它们的毛发是明亮的金黄色；而雌性黑冠长臂猿的毛发一直都是金黄色的。它们体形相对较小，手臂很长，能在树木之间来回穿梭攀爬。与其他长臂猿相比，它们饮食广泛，吃成熟的水果、嫩叶、幼芽、昆虫与其他无脊椎动物。妊娠期长达 7~8 个月。幼猿隔年断奶，到 8 岁的时候达到性成熟。它们栖居在热带雨林里。

头冠
雄性黑冠长臂猿有着醒目的黑色头冠与白色的双颊。

Gorilla gorilla
西部大猩猩

体长：1.25~1.75 米
尾长：无
体重：70~180 千克
社会单位：群居
保护状况：极危
分布范围：非洲西部

　　西部大猩猩栖息在非洲赤道边上平原地区的热带森林里。一般由家庭成员组成一个群体，由一只占主导地位的雄猩猩所领导。通常一个群体有12只大猩猩，有时候甚至达到30只。但是有时候，一些雄性大猩猩是独居的。它们的活动范围有200万~5000万平方米。当两个群体互相遇见，它们也互不理睬，各自继续自己的活动。西部大猩猩择木而栖，喜好水果。它们通常组成小群体一起生活，因此十分容易受到伤害。作为日行性动物，西部大猩猩白天大部分时间用来休息与进食。其食物主要是树叶与水果。在傍晚时分，它们会捡些树枝拼成床，以便休息与睡觉。它们每天都会为自己搭建新的"床"。体形比较小的西部大猩猩会直接在树枝上睡觉，而占主导地位的大猩猩则通常在地上睡觉。

　　雌性西部大猩猩的体形比雄性小很多。但是雌雄西部大猩猩的体毛颜色则十分相似：通体呈黑色，夹杂着褐色与淡灰色。较为年长的西部大猩猩背部颜色呈白色，因此，又名银白腰背大猩猩。它们的鼻子很扁，鼻孔很大，下巴扁平有力，牙齿尖利。脸部、耳朵与手脚都没有毛。占主导地位的西部大猩猩有交配优先权，可与整个群体的雌性交配。妊娠期长达8~9个月，雌性大猩猩一般一胎只产1只幼崽，幼猩猩出生后由母猩猩照顾到4岁。寿命最长可达50岁。

灵活的四肢
西部大猩猩的"手"相对较大，指尖上都有指甲。手脚的大拇指都可反向移动，这使得它们可以灵活地抓取物体。

幼崽的迁移
出生3个月后，幼崽会趴在或悬挂在母猩猩的腰部或肚子上。

保护状
为了防止西部大猩猩数目的减少，人们在它们的所有分布区域建立了保护区。但是专家们仍旧呼吁，这些西部大猩猩需要人们更多的保护与控制。

Gorilla beringei
东部大猩猩

体长：1.5~1.85 米
尾长：无
体重：70~200 千克
社会单位：群居
保护状况：濒危
分布范围：非洲中部

东部大猩猩是世界上体形最大的灵长类动物。雄性东部大猩猩会比雌性的体形大很多。它们毛发很长，下颚与牙齿比西部大猩猩要长很多。其形态变化与它们的栖息地环境有关：它们栖居在维龙加火山群（海拔高达 4000 米）云雾缭绕的森林里。东部大猩猩毛发很干，呈蓝黑色或灰褐色。当它们紧张的时候，腋下的腺体会散发出强烈的气味。实行一夫一妻制。群体里占主导地位的雄性东部大猩猩拥有与其他雌猩猩交配的优先权。妊娠期长达 8 个半月，一次只产 1 只幼崽。成年的雌性东部大猩猩在 10 岁的时候，会离开原本的群体；而雄性东部大猩猩会在 11 岁的时候离开，之后开始独立生活，达到性成熟后便会开始组建自己的家庭。

保护状况
大面积的森林砍伐、人类的狩猎与战争冲突使这一物种的生存面临威胁。东部大猩猩栖居在自然保护区，其买卖是被明令禁止的。尽管如此，非法狩猎仍旧是屡禁不止。

多样的膳食
它们吃树叶、树根、花、树皮、蘑菇及一些无脊椎动物。

Pongo abelii
苏门答腊猩猩

体长：1.3~1.8 米
尾长：无
体重：30~90 千克
社会单位：独居
保护状况：极危
分布范围：苏门答腊岛（印尼）

苏门答腊猩猩与婆罗洲猩猩是亚洲地区最大的猩猩。它名字的起源来自马来语"orang hutan"，意指"丛林里的人类"。一般在海拔较低的森林里，尤其是靠近河流的地方，可以找到它们的踪迹。它们通常一整天都待在树上，还会在树上建窝。主要吃各种水果。交配期一般在水果繁多的季节。雄性苏门答腊猩猩会一直尾随雌猩猩直到交配成功。有时候，雄猩猩的这一行为会打扰到雌猩猩，因此，雌猩猩会采取策略来躲避雄猩猩，例如，它们会与其他成年的雄猩猩或雌猩猩联合起来抵抗渴望交配的雄猩猩。在产崽之后，雌猩猩会在接下来的 8~9 个月里照顾幼崽。

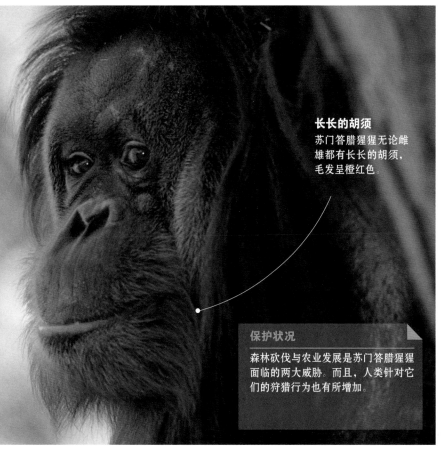

长长的胡须
苏门答腊猩猩无论雌雄都有长长的胡须，毛发呈橙红色。

保护状况
森林砍伐与农业发展是苏门答腊猩猩面临的两大威胁。而且，人类针对它们的狩猎行为也有所增加。

Pongo pygmaeus

婆罗洲猩猩

体长：1.25~1.5 米
尾长：无
体重：30~90 千克
社会单位：独居
保护状况：濒危
分布范围：东南亚

婆罗洲猩猩与猴子相似，有着灵活的双腿，适于攀爬树木，四处穿梭。

婆罗洲猩猩的双臂展开长达 2 米。它们的腿很短，但是很灵活。与其他猿猴相比，其灵巧的肩关节、臀关节和手腕使它们可以最大限度地伸展与活动。它们利用双手与牙齿来剥果皮，同时也会制作工具，例如利用树枝来遮挡雨水。

树上的日子

婆罗洲猩猩是最大的树栖性哺乳类动物。它们白天大部分时间都用来寻找水果，尤其是无花果，而夜晚的时候，它们会在高处搭建起一个平台用来睡觉。雄性婆罗洲猩猩很少到地面活动。

性别二态性

雄性与雌性婆罗洲猩猩的外表有着很大的区别。雄猩猩有着长长的胡须与喉囊。当它们伸展双臂的时候，长长的毛发就像一个披肩一样。

雄性婆罗洲猩猩会发出大且长的吼叫声，以此来表明自己的身份并吸引异性。

母亲的照顾

婆罗洲猩猩幼崽的幼年期很长：它们会待在母猩猩身边长达 8 年。刚开始的时候，幼猩猩会完全依靠自己的母亲，但是随着时间的推移，它们会慢慢地学习必备的生存技能。母猩猩会教幼猩猩寻找食物、爬树与建窝。在所有哺乳动物中，婆罗洲猩猩的繁殖期与哺育期是最长的，只有人类在这方面可以超过它们。

进食

在长到 3 个月大的时候，婆罗洲猩猩除了母乳之外，会开始吃固体食物。母猩猩会把水果咬碎之后再喂食到幼崽的口中。

幼猩猩的抚养

在 3~4 岁的时候，婆罗洲猩猩便会断奶，开始自己寻找食物。尽管它们会越来越独立，但还是会与母亲保持密切的联系。

15 岁

即便到 15 岁，雌性婆罗洲猩猩仍旧会继续探望自己的母亲。

刚出生的猩猩

一只刚刚出生的婆罗洲猩猩连头都无法抬起，它的肌肉很软，没有牙齿，两岁之前，它们的生活完全要依靠母猩猩。

母亲的角色
由于幼猩猩的学习时间十分漫长，因此，一只母猩猩一生只生产不超过3只幼崽。当一只幼猩猩出生后，母猩猩仍旧会继续照顾其他的猩猩幼崽。

245 天
妊娠期长达245天，一次只产1只幼崽，双胞胎概率很低。

手指
幼猩猩有着强而有力的手指，可以紧紧地抓住雌猩猩。

学习习惯
雌婆罗洲猩猩会教导幼猩猩在热带雨林里必备的生存技能。幼猩猩一般不会与其他婆罗洲猩猩接触。

A 夜里的窝
雌猩猩会与幼猩猩共同睡一个窝中达3年之久，之后它会教幼猩猩建起自己的窝。幼猩猩会在离雌猩猩近的地方建窝，有时候甚至在同一棵树上建窝。

高度
4~30 米之间

材料
树枝与新鲜的树叶

B 依赖性地"行走"
婆罗洲猩猩出生的时候，有着细长而脆弱的双臂与双脚。因此，它们会趴在雌猩猩的胸前长达两年，之后几年会靠在雌猩猩的腰部。

C 教爬树
雌猩猩会教导幼猩猩如何在丛林里自力更生：哪些树有最好的果实，哪些区域不应该去，如何在树枝之间来回穿梭。幼猩猩会在4岁的时候开始自己爬树。

Pan troglodytes

黑猩猩

体长: 63.5~92.5 厘米 / 直立 1~1.7 米
尾长: 无
体重: 26~70 千克
社会单位: 群居
保护状况: 濒危
分布范围: 非洲中西部

小小的拇指

黑猩猩其余的手指都很长很大，以便它们四处爬树。它们的中指与拇指可反向翻转。

突出的下颚

嘴唇突出，灵活性强，可用来抓取物体。

毛发与年龄

毛发黑色，但随着时间的增长，颜色会变成淡灰色。

生态保护

由于森林砍伐、人类的非法狩猎与疾病传播，黑猩猩的处境令人担忧。在现有的条件下，需要我们更加努力地去保护它们。

黑猩猩是最像人类的灵长类动物，可栖居在各种各样的环境里，从热带丛林到草原再到海拔约 2750 米的山地森林。它们的双臂很长，长度甚至超过身体的一半；双腿却较短。臂长腿短这一身体结构使得它们可以轻易地趴下并通过四肢行走。除了拇指之外，它们的双手与手指都很长，这使得它们可以通过手指的抓取（拇指除外）在树枝之间来回穿梭、移动。它们的耳朵与颧骨都很大，而眉毛部位的骨头很突出。它们的嘴唇也很突出，灵活性极佳，这使得它们可以通过嘴巴来实现许多活动。脑颅容量在 320~480 立方厘米之间。

黑猩猩是喜好社交的日行性动物，会坐在树上进食果实（有时利用粗糙的工具），以此度过它们大部分时间。每天它们还会为自己搭建小窝，有些甚至还会制作床垫与床单。

黑猩猩一年四季均可繁殖。无论是雄猩猩还是雌猩猩都会与许多异性进行交配。交配不仅可以繁殖后代，还可以促进群体和睦。一旦雌猩猩怀孕了，会在 230 天的妊娠期后，产下唯一的猩猩幼崽。雌猩猩会负责照顾猩猩幼崽长达 3~4 年，猩猩幼崽在第 6 年的时候便可独立生活，10~15 岁时达到性成熟（雌猩猩会更早）。一个猩猩团体由许多独立的小群体组成，猩猩个体不必只在一个群体里待着，因此，它们可以参与其他群体的活动。

Pan paniscus
倭黑猩猩

体长：1.04~1.24 米
尾长：无
体重：27~61 千克
社会单位：群居
保护状况：濒危
分布范围：非洲中部（刚果盆地）

　　倭黑猩猩是最晚被发现的猿猴类动物。与其他同类不同的是，它们的脸、手还有脚都是黑色的。它们的体形大概为人类的2/3。雄性倭黑猩猩会比雌性要大些。它们比黑猩猩更常用双足行走。四肢很长，尤其是双腿。倭黑猩猩不存在亚种。栖居在各种类型的森林里。

　　倭黑猩猩在森林、种植园与沼泽里觅食，睡在树木茂盛的地方。膳食结构、群体密度根据环境的不同而有所不同。它们主要吃果实但也吃嫩芽、树叶、树根与花，有时候还吃蘑菇与昆虫。它们与黑猩猩一样，交配除了有繁殖后代的功能外，也有益于群体的和睦与团结。无论是雌性还是雄性，倭黑猩猩均可与群体内的多个异性交配。妊娠期长达 240 天，幼倭黑猩猩到 4 岁的时候断奶，7~9 岁便可独立生活。

倭黑猩猩之间亲情浓厚，幼崽即便成年了也会一直和母亲保持联系。

区别
倭黑猩猩是黑猩猩的近亲，但是它们有着长长的黑色毛发，即便在两颊也长满毛发。

保护状况
倭黑猩猩面临的主要威胁来自于以售卖其肉体为目的的非法狩猎、战争冲突、森林砍伐与人类住宅区的增多。

Homo sapiens
智人

身高：1.5~1.8 米
体重：50~80 千克
社会单位：群居

　　人类是最发达且分布最广泛的灵长类动物。在五湖四海皆可找到人类的踪迹，在 200 万年前的非洲，人类的祖先首次诞生。首先，人类具有直立体位与双足行走的特点，这使他们在草原上有开阔的视野，且双手可灵活抓取物体。人类主要通过拇指与食指来抓取物体。与其他物种相比，他们的头颅容量很大且大脑异常发达，脑容量约有 1450 立方厘米。随着时间的推移，原始人慢慢进化，并衍生出另一至关重要的特点：通过声音与书写来达成互相的交流，即语言。当今，人类的形态、社会与文化多种多样。人类是一种极其喜好社交的物种，通常以家庭为核心再辐射至个体。个体的独立与活动根据不同的社会文化规则而有所不同。

　　事实上，人类的存在某种程度上正威胁着其他物种的生存，但是我们仍有智慧与能力使它们不因我们的错误而从地球上灭绝。

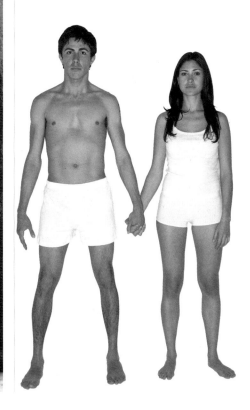

在贡贝与黑猩猩一起的 50 年

黑猩猩在它们的栖息地上曾被仔细地观察过半个世纪。它们喜好吃肉类，会用激进的方式与工具来守卫自己的家园。它们的生命正处于极大的威胁之中。珍妮·古道尔自 1960 年开始，便与这些黑猩猩在一起，因此，她终于站出来，为捍卫黑猩猩的生命而发声。

自珍妮·古道尔开始在贡贝住下，已过去了半个世纪。在 1960 年的 7 月，一个 26 岁的年轻人，毫无科学知识，来到了坦桑尼亚坦噶尼喀湖的东岸，她怀揣着一个单纯的理想：观察黑猩猩。尽管她被当时的整个科学界质疑与批评，但是这个来自伦敦的年轻人用自己 50 年的青春尽心观察与研究野外黑猩猩，并交出一份史无前例并令人惊叹的科学报告。当时全球范围内缺乏对人类近亲黑猩猩生活的重视与保护，但是古道尔却对此异常着迷。

对黑猩猩栖息地的关注，彻底打破了人们之前的传统认识。在贡贝成为研究黑猩猩的科学要地之前，人们总认为黑猩猩是草食性动物，且并不具有暴力行为。但是，根据古道尔的观察，黑猩猩居然也吃肉。与黑猩猩只吃素食的理论完全相反，古道尔观察到黑猩猩会捕杀野猪、红疣猴，并且还会与群体一起进食。

同一个群体中的黑猩猩会共享资源，但是不同群体之间的黑猩猩却不会这么做。古道尔在贡贝的重大发现之一，便是来自不同群体的黑猩猩之间会表现出不同程度的侵略性。黑猩猩为捍卫自己的领地而表现出来的暴力倾向反映了它们社会组织内部的高度复杂性。根据古道尔的观察，在贡贝总共有两个黑猩猩群体，它们之间爆发了漫长的内部斗争。自 1974 年后的 4 年里，名为卡萨克拉的猩猩群系统性地歼灭了名为卡哈曼的猩猩群，但其中仍旧有漏网之鱼：被打败的成年卡哈曼雌黑猩猩，被迫与卡萨克拉猩猩群为伍。

古道尔在坦噶尼喀湖畔的 50 年间,不仅搜集到了许多有关黑猩猩的珍贵资料,同时也颠覆了人类对自身的认识。我们总以为制造与使用工具是人类特有的技能,但是其实黑猩猩也具备这一能力。这是古道尔在贡贝最颠覆性的发现。黑猩猩不仅社会结构复杂,而且它们也具备一定的智力与能力去辨别一个物体如何为自己所用:它们会摘掉树枝上的所有树叶,并把它变成一个狩猎的工具。根据古道尔对黑猩猩日常行为的观察,它们总共会使用 9 种不同的工具,而制作并使用工具并不是黑猩猩与生俱来的技能,而是通过母黑猩猩的谆谆教导、代代相传而后天习得的。

古道尔对黑猩猩的观察不仅吸引了世人诧异的眼光,同时也加重了人们对黑猩猩生存现状与未来的担忧。在 20 世纪 80 年代,古道尔与她的团队便发出警告:黑猩猩这一物种正在慢慢地消失。据统计,1960 年非洲赤道地带的丛林里生活着 200 多万只黑猩猩,但是在 21 世纪初,其数目下降到了 20 万只。各种各样的威胁正悄悄降临:当地居民因战争纠纷外逃,把黑猩猩当作猎物而进行捕杀;有些非法商人也会捕捉黑猩猩,把它们卖给世界各地的动物园,供游客观赏;一些高级餐厅会把黑猩猩列入菜单,作为高价的山珍海味进行出售。然而,在林林总总的威胁中,栖息地的锐减是它们面临的最大威胁。木材公司大肆砍伐树木,导致它们原本就稀少的栖息地越发减少。而且,猩猩群之间为了争夺稀少的栖息地,还会发生内部斗争,死伤惨重。

▶ 从个人到集体

古道尔在抵达贡贝两年之后,已经充分地得到了黑猩猩的信任。在这里,大卫接过了古道尔手中的香蕉(图1)。起初毫无科学知识与工作方法,这位来自大不列颠的女孩只怀揣着一个理想:观察黑猩猩(图2)。1995 年国家地理公司为了表彰古道尔的探索、研究与发现工作,授予她哈波德勋章(图3)。当地的人们与古道尔一起,在贡贝组成了工作团队,他们所有人都在为捍卫黑猩猩的生命而努力(图4)。

▶ 最美的画面

古道尔走近一只名为俊俊的雄性黑猩猩。经过数年的研究工作之后，古道尔明白，低下头让黑猩猩抚摸头发是对它们友好的表示。这一图片成了她工作中最具代表性的图片。

一系列的证据表明，需要对黑猩猩的保护采取行动，不仅仅是在贡贝。1977 年建立了珍妮·古道尔研究院，珍妮采取了各种各样的措施来保护黑猩猩。这些措施不仅包括对黑猩猩遗孤与幼崽的救援与保护，还包括对当地人们的教育：传授他们其他可行的经济手段来取代对黑猩猩的偷猎行为。

尽管古道尔为保护黑猩猩做出了巨大的努力与贡献，但是生活在贡贝的黑猩猩的生命仍遭受威胁。由于森林砍伐，贡贝在 20 世纪 90 年代变成了林木稀少的荒地，贡贝国家公园仅仅占地 35 平方千米，这一空间根本不足以作为黑猩猩的活动范围。此外，黑猩猩还有可能感染一种致命的疾病，一种如同人类艾滋病的不治之症。事实上，黑猩猩面临着各种各样的危险。古道尔与她的团队的首要目的在于：向世人展示，根本不需要通过不法虐待或监禁照样可以对动物进行科学研究。在完成了这一目标之后，如何使黑猩猩数目锐减的趋势停止成了他们的首要难题与使命。为了完成这一使命，引起人们的关注与采取必要的法律措施是必要的。

▶ 不一样的母亲
如果一只黑猩猩幼崽变成遗孤，同一群体的母黑猩猩会收养它并把它当作自己的幼崽一样悉心照顾。这是古道尔在贡贝的重大发现之一。

食蚁兽、
犰狳及穿山甲

食蚁兽、犰狳及穿山甲的外形与它们早已灭绝却庞大无比的祖先相似，它们正是因为这一奇特之处，而被我们所熟知。有些物种甚至为了适应环境而完成自身的进化，例如，食蚁兽有着长且黏的舌头，而犰狳与穿山甲有着坚硬的护甲。总体而言，它们新陈代谢缓慢，大部分都生活在美洲大陆上。

食蚁兽与树懒

门:	脊索动物门
纲:	哺乳纲
目:	披毛目
科:	4
种:	10

披毛目包括 4 种胎盘类哺乳动物，而且全都生活在美洲大陆上，其中包括：食蚁兽、侏食蚁兽、树懒及地懒。该目的名称来源于该目的物种均披有浓密的毛发。

Myrmecophaga tridactyla
大食蚁兽

体长: 1.2~1.6 米
尾长: 40~90 厘米
体重: 25~54 千克
社会单位: 独居
保护状况: 易危
分布范围: 中美洲南部延伸至阿根廷北部

摄食
每天用它长且黏的舌头从白蚁丘中摄食约 3 万只白蚁。

大食蚁兽体形很大，全身长满刚毛，可以抵挡蚂蚁与白蚁的啃噬。它们从脖子到长达 90 厘米的尾巴上都长满了长长的鬃毛。当它们睡觉时，尾巴会蜷缩在一起。食蚁兽没有牙齿，头盖骨形状很长，长得十分奇怪，嘴巴呈管状，有着长且黏的舌头，长度可达 60 厘米。它们的嗅觉十分灵敏。

大食蚁兽的双爪强大有力，为了寻找它们的食物——白蚁，可粉碎整座白蚁丘；同时它们的双爪也可抵抗其天敌如美洲虎的攻击。为了寻找食物，大食蚁兽会分开行动。它们采取"可持续发展"的战略：为了防止食物资源枯竭，它们只吃来自不同蚁穴中的部分蚂蚁或白蚁，以便给予蚂蚁机会重建家园。它们一般在黄昏时分行动活跃。

雄性与雌性食蚁兽只会在短暂的交配期聚集在一起。在长达 190 天的妊娠期后，雌性食蚁兽会产下 1 只幼崽。幼崽哺乳期长达 2 个月，它会一直趴在母食蚁兽的身上，直到 9 个月大。

管状头骨
承载着巨大的唾液腺。

爪子
强大的爪子可粉碎蚁穴，使其得以触碰蚁穴的中心地带。

Cyclopes didactylus

侏食蚁兽

体长：15~18 厘米
尾长：18~20 厘米
体重：450~550 克
社会单位：独居
保护状况：无危
分布范围：墨西哥南部直到玻利维亚与巴西东部

侏食蚁兽，顾名思义，是最小的食蚁兽。它们长着柔顺的红栗色毛发，有着可缠绕的长尾巴及有力的后肢，后肢上长着特殊的关节，使其即便双手架空也可倒挂在树枝上。

它们择木而栖，喜好夜行，食昆虫。

Tamandua tetradactyla

小食蚁兽

体长：53~80 厘米
尾长：40~59 厘米
体重：3.6~8.4 千克
社会单位：独居
保护状况：无危
分布范围：南美洲中部与北部

小食蚁兽的毛发总体呈赭黄色（有时候偏橙色），有条黑色条纹覆盖着后腰与前肢。无毛的尾巴可缠绕，使其易于在树上四处行走。

小食蚁兽如同它们的近亲，即食蚁兽一样，没有牙齿，但有着黏黏的舌头。它们的主要食物有白蚁、蚂蚁与蜂蜜。

小食蚁兽喜好夜间行动，白天时在树洞中休憩。活动范围在 350 万 ~ 400 万平方米之间。它们的前肢只有 4 趾而后肢却有 5 趾。

Bradypus torquatus

巴西三趾树懒

体长：40~75 厘米
尾长：3.8~9 厘米
体重：2.3~5.5 千克
社会单位：独居
保护状况：濒危
分布范围：巴西东部

巴西三趾树懒脖子很长，头部可灵活转动，可 270 度旋转。鬃毛黑色，覆盖脖子与肩膀。择木而栖。它们大部分时间头部朝下，只在为了寻找食物或者需要排泄时才下树，因此得名树懒。每天的睡眠时间长达 20 个小时，因此，它们的器官位置与其他哺乳类动物有很大的不同。它们的主要食物为树叶、嫩芽与树枝。

妊娠期
在长达 6 个月的妊娠期后，雌巴西三趾树懒会产下 1 只幼崽。幼崽会一直紧抓住母亲的肚子，长达半年多。

Choloepus didactylus

二趾树懒

体长：46~86 厘米
尾长：无
体重：4~8 千克
社会单位：独居
保护状况：无危
分布范围：南美洲北部

二趾树懒行动异常缓慢，且日常活动仅限于夜间觅食与睡觉，它们的新陈代谢十分缓慢。为了排便、排尿或者转移树木休憩，它们通常一个星期只会下树一次。它们的前肢比后肢要长得多，且只有 2 趾，呈弯曲的爪状。

犰狳

门:	脊索动物门
纲:	哺乳纲
目:	有甲目
科:	1
种:	21

犰狳科是有甲目里唯一幸存下来的动物科目。犰狳仅仅出现在美洲大陆上，有着由骨头组成的披甲，排列整齐，覆盖整个后背，且一直延伸至头部。它们有许多圆柱状的牙齿，没有牙釉质，可一直生长。

Tolypeutes matacus

拉河三带犰狳

体长: 21~30 厘米
尾长: 4.5~7 厘米
体重: 0.9~1.6 千克
社会单位: 独居或群居
保护状况: 近危
分布范围: 南美洲中部

拉河三带犰狳的盔甲在自卫的时候，可以弯曲成球状。它们自己不建窝，而是选择在茂密的植被之间居住或者占用其他动物遗弃的洞穴。它们的主要食物有蚂蚁与白蚁。它们的大部分活动都在下雨或者气温炎热的时候进行。尽管它们也是独居动物，但是在冬天，会在同一个洞穴内聚集，数量可达 12 只左右。在长达 4 个月的妊娠期后，雌拉河三带犰狳会产下 1 只幼崽，哺乳期长达 2 个月，幼崽 1 年之后可达性成熟。

防卫
它们会卷成一团，只留下一个小小的空间，在关键时候可以夹住天敌的爪子。

Priodontes giganteus

大犰狳

体长: 0.75 米 ~1 米
尾长: 45~50 厘米
体重: 25~60 千克
社会单位: 独居
保护状况: 易危
分布范围: 南美洲北部与中部

大犰狳，顾名思义是体形最大的犰狳。它们的爪子很大（长达 20 厘米）。它们的铠甲由骨状的硬甲组成，覆盖双爪与尾巴的硬甲呈五角形。头部圆锥状，也由一层硬甲包围着。

大犰狳喜好夜行，主要吃腐肉、白蚁、蚂蚁与其他无脊椎动物。当它们感到危险来临时，会挖地并把自己藏起来。

Chaetophractus villosus

披毛犰狳

体长: 29~35 厘米
尾长: 12~14 厘米
体重: 1.5~3.6 千克
社会单位: 独居
保护状况: 无危
分布范围: 玻利维亚、巴拉圭与阿根廷

披毛犰狳与其他犰狳的不同之处在于它们的软毛。它们的肚子与四肢都被毛发与硬甲覆盖着。它们的盔甲很宽且扁平，由 6~8 个可动的横带组成。它们不仅擅于走路、还是掘地"能手"。

灵敏的嗅觉
披毛犰狳通过嗅觉来发现猎物，尤其是它们喜食的地栖的无脊椎动物

穿山甲

门：脊索动物门

纲：哺乳纲

目：鳞甲目

科：1

种：8

鳞甲目动物是唯一具有鳞甲片的哺乳类动物。它们没有牙齿，但是在幽门（连接胃与十二指肠的下阀门）处有凸起的角蛋白，可以与摄入的碎石把食物磨碎。穿山甲只生活在亚洲与非洲的热带地区。

Manis temminckii
南非穿山甲

体长：34~61 厘米
尾长：31~50 厘米
体重：5~15 千克
社会单位：独居
保护状况：无危
分布范围：非洲南部与东部

大片赭石色的鳞甲片，像朝鲜蓟叶般，覆盖着南非穿山甲全身。它们喜好夜行，会靠近地面用双足走路寻觅食物，会用长长的舌头卷食蚂蚁与白蚁。只有在繁殖期才会与其他穿山甲聚集在一起。为了能够跟雌性穿山甲在一起，雄性南非穿山甲之间会互相挑战。幼崽一般出生在地下洞穴中。刚出生的幼崽会趴在母亲的背上或者挂在母亲的尾巴上好几个星期，雌性穿山甲会一直照顾并喂养它，一直到幼崽达到成年阶段。

Manis pentadactyla
中国穿山甲

体长：42~60 厘米
尾长：18~28 厘米
体重：2~3 千克
社会单位：独居
保护状况：濒危
分布范围：亚洲东南部

中国穿山甲有着 18 列铜色的鳞甲片并夹带着毛发，这在哺乳类动物身上并不多见。它们喜好夜行，地栖性，经常爬树，同时也是"游泳高手"，但是行动缓慢，行事畏惧。当它们进食蚂蚁与白蚁的时候，鼻孔、耳朵与眼睛会处于闭合状态，以此来防御动物的攻击。雌性穿山甲一次只产 1 只幼崽，幼崽刚出生时全身布满软软的甲片。残忍的是，人们既会售卖珍稀的穿山甲肉作为食材，也会把它们当作稀世珍宝售卖给各个动物园。目前，中国穿山甲的生存状态因栖息地破坏与人类的狩猎行为而遭受威胁。

Manis (Uromanis) tetradactyla
长尾穿山甲

体长：30~40 厘米
尾长：60~70 厘米
体重：2~3 千克
社会单位：独居
保护状况：无危
分布范围：非洲中部与西部

长尾穿山甲尾巴的长度是身体的 2 倍。事实上，它们有 46~47 根椎骨，这是哺乳类动物之最。鳞甲的颜色呈褐色，是一个很好的伪装。它们与其他穿山甲的不同之处在于，它们是日行性动物。大部分时间择木而栖，但有时候也会下水游泳。它们有着灵敏的嗅觉，通常通过肛门与尿道排出的排泄物来标定自己的领地。它们的肉可食用且鳞甲可入药，因而会被人类追捕。

图书在版编目（CIP）数据

国家地理动物百科全书.哺乳动物.灵长动物·翼手类/西班牙Sol90出版公司著；李彤欣译.--太原：山西人民出版社,2023.3
ISBN 978-7-203-12494-8

Ⅰ.①国… Ⅱ.①西… ②李… Ⅲ.①哺乳动物纲—青少年读物 Ⅳ.① Q95-49
中国版本图书馆 CIP 数据核字 (2022) 第 244667 号

著作权合同登记图字：04-2019-002

国家地理动物百科全书．哺乳动物．灵长动物·翼手类

著　　者：西班牙 Sol90 出版公司
译　　者：李彤欣
责任编辑：傅晓红
复　　审：魏美荣
终　　审：梁晋华
装帧设计：吕宜昌

出 版 者：山西出版传媒集团·山西人民出版社
地　　址：太原市建设南路 21 号
邮　　编：030012
发行营销：0351-4922220　4955996　4956039　4922127（传真）
天猫官网：https://sxrmcbs.tmall.com　电话：0351-4922159
E-m a i l：sxskcb@163.com 发行部
　　　　　sxskcb@126.com 总编室
网　　址：www.sxskcb.com

经 销 者：山西出版传媒集团·山西人民出版社
承 印 厂：北京永诚印刷有限公司

开　　本：889mm×1194mm　1/16
印　　张：5
字　　数：217 千字
版　　次：2023 年 3 月　第 1 版
印　　次：2023 年 3 月　第 1 次印刷
书　　号：ISBN 978-7-203-12494-8
定　　价：42.00 元